"十四五"时期
国家重点出版物出版专项规划项目

国家出版基金项目
NATIONAL PUBLICATION FOUNDATION

U0226872

技 术
用系列

王子才 总主编

低轨小碎片天基光学探测与应用

Space-based Optical Detection and Application for Low Earth Small Debris

李怀锋 贺东雷 徐安林 叶志萍 编著

哈尔滨工业大学出版社
HITP HARBIN INSTITUTE OF TECHNOLOGY PRESS

内 容 简 介

空间碎片是人类在航天活动中的产物,包括完成任务的火箭箭体和卫星本体、火箭的喷射物、在执行航天任务过程中的抛弃物、空间物体之间碰撞产生的碎片等,是空间环境的主要污染源。空间碎片探测是人类开展航天活动、净化治理空间环境、从事空间科学研究的重要基础。本书介绍了空间碎片的概念和危害,分析了空间碎片的特性以及常用探测手段和技术发展现状,从探测载荷设计、在轨检测与定位、探测组网星座设计、卫星系统设计等方面重点阐述了空间碎片天基光学探测技术,并讨论了碎片天基探测在定轨编目、航天器碰撞预警、碎片特性反演识别等方向的应用问题。

本书可作为空间监视、天文观测、航天器设计专业学生教材,也可供从事空间碎片移除与环境治理的科研人员参考。

图书在版编目(CIP)数据

低轨小碎片天基光学探测与应用/李怀锋等编著. —
哈尔滨:哈尔滨工业大学出版社,2022.5
(航天先进技术研究与应用系列)
ISBN 978 - 7 - 5603 - 8715 - 4

Ⅰ.①低…　Ⅱ.①李…　Ⅲ.①太空垃圾-空间探测
Ⅳ.①X738②V11

中国版本图书馆 CIP 数据核字(2020)第 026288 号

低轨小碎片天基光学探测与应用
DIGUI XIAOSUIPIAN TIANJI GUANGXUE TANCE YU YINGYONG

策划编辑　张　荣　甄淼淼
责任编辑　鹿　峰　闻　竹　庞亭亭
出　　版　哈尔滨工业大学出版社
社　　址　哈尔滨市南岗区复华四道街 10 号　邮编 150006
传　　真　0451－86414749
网　　址　http://hitpress.hit.edu.cn
印　　刷　哈尔滨市工大节能印刷厂
开　　本　720 mm×1 000 mm　1/16　印张 11.75　字数 230 千字
版　　次　2022 年 5 月第 1 版　2022 年 5 月第 1 次印刷
书　　号　ISBN 978 - 7 - 5603 - 8715 - 4
定　　价　88.00 元

(如因印装质量问题影响阅读,我社负责调换)

前 言

空间碎片是人类在航天活动中的产物,包括完成任务的火箭箭体和卫星本体、火箭的喷射物、在执行航天任务过程中的抛弃物、空间物体之间碰撞产生的碎片等,是空间环境的主要污染源。空间碎片探测是人类开展航天活动、净化治理空间环境、从事空间科学研究的重要基础。

空间碎片探测是指对空间碎片的分布、运行轨道、特性、属性状态等进行测量,从而建立其空间碎片的编目定轨数据,识别碎片的属性类型和运行状态,为航天器碰撞预警、碎片清除等提供支持。空间碎片探测按探测平台主要分为地基探测和天基探测两种。传统的空间碎片探测多采用由地基雷达、光学望远镜及无线电信号探测器组成的监视网进行识别、探测和跟踪。综合考虑地基探测设备的能力限制、各尺度空间碎片探测需求的迫切性、天基平台可提供的资源等因素,短期内将主要发展基于光学手段的天基探测系统,实现 $1 \sim 10$ cm 危险碎片的探测。后续随着技术的发展,可发展微波、亚毫米波、毫米波、太赫兹等新型探测手段的天基系统。天基探测器可弥补地基设备地域分布局限性的不足,提高探测频度,对减少预报时限、提高预报精度等具有不可替代的优点。

本书介绍了空间碎片的概念和危害,分析了空间碎片的特性以及常用探测手段和技术发展现状,从探测载荷设计、在轨检测与定位、探测组网星座设计、卫星系统设计等几方面重点阐述了空间碎片天基光学探测技术,并讨论了碎片天基探测在定轨编目、航天器碰撞预警、碎片特性反演识别等方向上的应用问题。本书可为科研人员开展空间碎片移除与环境治理研究奠定基础,也可为空间监视、天文观测、航天器设计专业学生学习提供参考。

本书在编写过程中得到了多位同志的帮助,他们为书稿的编写提供了很多资料,包括西北工业大学的孙瑾秋、中国科学院光电技术研究所的邓超、中国空间技术研究院的冯昊、国防科技大学的文援兰、长春理工大学的谭勇等,在此一并表示衷心的感谢。

限于作者水平,书中难免存在不足之处,恳请读者批评指正。

作　者

2022 年 3 月

目 录

第 1 章

绪　　论

1.1　空间碎片来源

联合国和平利用外层空间委员会(COPUOS)和机构间空间碎片协调委员会(IADC)对空间碎片的定义是:地球轨道上在轨运行或再入大气层的无功能的人造物体及其残块和组件。空间碎片主要来源包括:

① 遗弃的航天器和运载火箭残骸。自 1957 年苏联第一颗人造卫星发射,到 2020 年底,全世界共进行了 6 000 余次航天发射,将 8 000 余个航天器和近 6 000 个运载火箭末级送入地球轨道,目前仍在轨的遗弃航天器数量已超过 5 000 个。

② 航天器爆炸和碰撞解体碎片。到 2020 年底止,近地空间发生了约 200 多次爆炸和碰撞解体事件,产生的碎片数量占碎片总量的 50% 以上。

③ 在轨操作产生的碎片。航天器在轨操作过程中会产生碎片和脱落物,如"一箭多星"发射时的卫星支架、航天员的生活垃圾和丢失的工具包、相机及望远镜镜头盖等。

④ 固体火箭点火产生的燃烧物。航天器使用的固体火箭点火上千次产生的三氧化二铝熔渣,目前数量已达千万量级。

⑤ 特殊碎片。1961 年和 1963 年,美国开展空间科学实验,把数百万簇铜针撒在 3 600 km 高的极地轨道上;在 1980—1988 年期间,苏联共发射了 16 颗采用核动力的雷达卫星,估计产生了 26 万个直径在 0.3 ～ 4 cm 的冷凝剂颗粒滞留在 1 400 km 高度的轨道上。

近年来,世界各国在巨型卫星星座领域迅猛发展,按照当前计划,未来全球将部署 10 余个卫星星座,共计近 6 万颗卫星。当前,我国在轨卫星数量已超过 300 颗,未来五年计划还将发射上千颗卫星,我国航天器的安全运行面临着严重威胁。随着各国航天事业快速发展,空间碎片数量增长迅速,到 2020 年底止,大于 10 cm 的碎片数量已经超过 30 000 个,大于 1 cm 的碎片数量超过 90 万个,大于 1 mm 的碎片数量更是数以亿计。这些空间碎片形成了唯一一个人为的外层空间环境——空间碎片环境。图 1.1 所示为 1956—2020 年已编目空间物体数量变化趋势图,图 1.2 所示为空间碎片来源和比例。

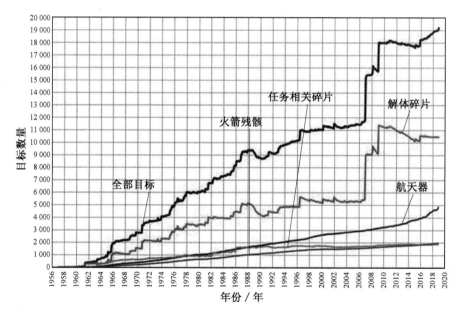

图 1.1　1956—2020 年已编目空间物体数量变化趋势图

到 2020 年 12 月底,空间碎片的总质量达到了 8 000 t,其中在低地球轨道(Low Earth Orbit,LEO)区域的空间碎片质量为 3 700 t。空间碎片主要分布在 LEO 和地球静止轨道(Geostationary Earth Orbit,GEO)附近,其分布特性如图 1.3 所示。

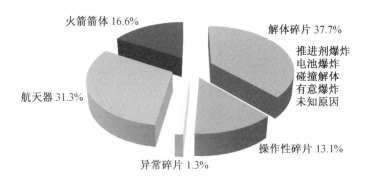

图 1.2 空间碎片来源和比例

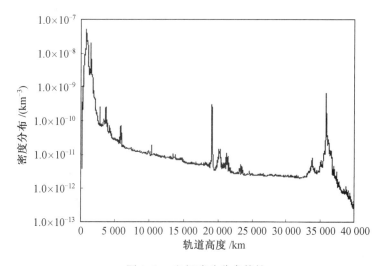

图 1.3 空间碎片分布特性

其中,LEO 区域的空间碎片在 800 km 轨道高度附近有最大的分布密度,如图 1.4 所示。

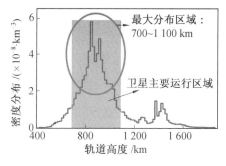

图 1.4 空间碎片在 LEO 区域的分布特性

空间碎片按尺寸大小可分为三类(图1.5)：

① 微碎片(小尺度碎片)，直径小于1 cm。它们的数量比较多，基本可通过卫星的硬防护设计承受其与星体发生碰撞的不利影响。

② 毁灭性碎片(大尺度碎片)，直径大于10 cm。这种碎片一般可由地面光学望远镜和雷达等常规性仪器探测、追踪并予以编目，一般也称为编目碎片。

③ 危险碎片(中尺度碎片)，直径介于1～10 cm之间。目前，卫星硬防护手段不具备承受这种碎片撞击的能力，地基观测手段也难以发现、追踪和分类编目它们，其有可能引起灾难性的事件，所以称之为危险碎片。尤其是其中的低轨碎片，相比于高轨碎片而言，低轨碎片与低轨卫星间具有更高的相对运动速度，更有可能引起灾难性的事件。因此有必要对危险碎片实现全覆盖、高时效、高精度探测，为进行在轨卫星碰撞预警、保障其安全运行提供重要支持。

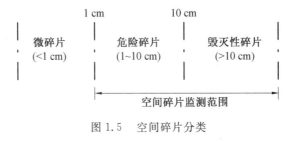

图1.5　空间碎片分类

1.2　空间碎片危害

在距地面2 000 km内的人类使用最频繁的LEO上，碎片运行速度约为7.8 km/s(第一宇宙速度)，它们与航天器发生超高速撞击，其相对撞击速度范围为0～15 km/s，平均撞击速度为10 km/s。空间碎片撞击产生的极高压强超过航天器材料屈服强度的数十到数百倍，会穿透航天器表面，并形成大面积的高速碎片云，破坏航天器内部的器件和系统，轻则导致航天器外露敏感表面性能衰退、功能丧失，重则对结构和载荷造成严重的机械损伤甚至使整个航天器彻底爆炸解体，对航天器安全和航天员生命造成巨大潜在威胁。航天器的体积越大、在轨飞行时间越长，其遭遇空间碎片袭击的风险也就越大。

据美国国家航空航天局(National Aeronautics and Space Administration，NASA)统计，由空间环境引发的299起在轨卫星故障事件中，碎片撞击占12%，是四大原因之一,如图1.6所示。表1.1给出了1 mm以上空间碎片对卫星的危害及对策,其中毫米级空间碎片的特点是:撞击概率高、损伤危害大、可以被防护。超高速撞击实验表明,直径1 mm、速度4.1 km/s的碎片就能击穿我国卫星常用的25.4 mm厚的蜂窝板,如图1.7所示,对卫星内部设备造成严重威胁;小于1 mm的碎片即可对卫星外部设备和蜂窝板中的预埋件(如电缆、数据线、热控管路等)造成直接损伤。

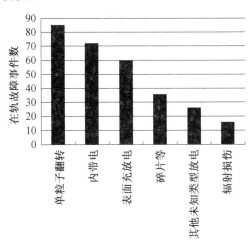

图1.6 空间环境因素导致卫星在轨故障事件数量统计

表1.1 1 mm以上空间碎片对卫星的危害及对策

尺寸 /mm	数量 /万个	数量 /%	撞击概率	危害	对策
1~10	13 500	99.62	很大	引起卫星部组件、分系统甚至整星功能损失或失效	无法探测和编目管理;可加装防护结构防护
10~100	50	0.37	较小	引起卫星部组件、分系统、整星功能损失,乃至卫星爆炸、解体、彻底失效	目前尚不能探测和编目管理;无有效防护措施
100以上	1.7	0.01	很小	导致卫星爆炸、解体、彻底失效	可探测和编目管理;主动规避

注:以上数据来自NASA报告。

卫星各分系统/部组件遭受毫米级空间碎片撞击,其损伤和被破坏程度不尽相同,详见表1.2。

(a) 蜂窝板正面

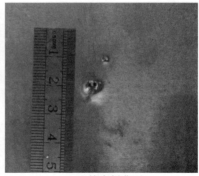

(b) 蜂窝板背面

图 1.7　超高速撞击后铝蜂窝板形貌

表 1.2　毫米级空间碎片对卫星分系统撞击损伤效应

分系统	损伤效应
电源	太阳能电池阵破损、穿孔或解体,引起供电下降或功能丧失
姿态轨道控制	姿态定位精度降低甚至姿态失控;高压容器爆裂引起推进剂泄漏,导致姿态轨道控制失效
测控与数管	撞击产生的电磁脉冲引起信息和指令故障
热控	热控涂层开裂、剥落;热辐射器穿孔、破裂;引起热特性、光学特性的改变,使热控系统功能下降或失效
有效载荷	性能下降或功能丧失

1.3　典型空间碰撞事件

　　从空间碎片的产生、分布及危害来看,航天技术的进步和航天活动的日益频繁,在促进社会发展的同时,也产生了大量的空间碎片,这些空间碎片是人类航天活动产生的太空垃圾。当前,空间碎片已对人类空间资产安全运行构成严重的现实威胁,严重影响了航天活动持续和深入开展。

　　迄今为止,因碎片撞击而导致的卫星异常或失效事件累计多达数十起,国际上为躲避碎片撞击而进行的卫星机动规避已达每年 30 余次。1996 年 7 月 24 日,法国 CERISE 电子侦察卫星与 ArianeV16 末级火箭残骸相撞,撞击导致该侦察卫星的重力梯度稳定杆损坏,最终卫星失稳,如图 1.8 所示。

图 1.8　法国 CERISE 电子侦察卫星

2002 年 3 月 16 日,厘米级碎片与 Jason－1 地球海洋卫星主体结构左侧的太阳帆板发生撞击,在卫星姿态出现扰动的同时,伴随暂时的电流扰动,如图 1.9 所示。

图 1.9　Jason－1 地球海洋卫星

2013 年 5 月 24 日,厄瓜多尔立方体卫星飞马座在印度洋上空与一枚由苏联 1985 年发射升空的火箭燃料箱残骸发生侧面撞击,导致卫星寿命终结。2016 年 8 月 23 日,欧洲航天局(European Space Agency,ESA)的 Sentinel－1A 卫星轨道产生了 0.7 mm/s 的速度增量、姿态产生了几度的变化,一侧的太阳翼受损 5%,并产生了 6 个可跟踪的碎片。分析认为是该太阳翼(SAW＋Y)遭遇了尺度为 1 cm、质量为 0.2 g 的碎片的撞击,相当于直径 5 mm 的铝球以相对速度 11 km/s 产生的撞击。其他因碎片撞击导致卫星异常或失效的部分事件见表 1.3。

表 1.3　碎片撞击导致卫星异常或失效的部分事件

卫星名称	撞击时间	撞击后果	
日本太阳－A 卫星 Solar－A	1991.8	望远镜可视区损伤	失效
ESA 通信卫星 Olympus	1993.8	服务中断	失效
美国绳系卫星 SEDS－2	1994.3	实验终止	失效
法国 CERISE 电子侦察卫星	1996.7	重力梯度稳定杆断裂	异常
美国军用卫星 MSTI－2	1994.3	捆扎电缆短路,失联	失效
美法联合卫星 Jason－1	2002.3	轨道异常,电流扰动	异常
俄罗斯地理测绘卫星 BLITS	2013.1	自旋稳定速度上升	异常
厄瓜多尔立方体卫星飞马座	2013.5	寿命终止	失效
ESA 卫星 Sentinel－1A 哨兵	2016.8	轨道、姿态变化,太阳翼受损	异常

此外,长期暴露装置、航天飞机、国际空间站和哈勃望远镜等大型航天器更是屡次发生空间碎片撞击事件。

1. 长期暴露装置

长期暴露装置(Long Duration Exposure Facility,LDEF)由"挑战者号"航天飞机送入太空,其轨道高度为 $400 \sim 286$ km,暴露面积约 130 m^2,在轨运行 5.75 年,可见撞击坑达 3.4 万个,其中大于 0.5 mm 的撞击坑达 $5\ 000$ 个,如图1.10所示。

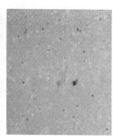
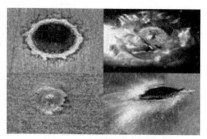

　(a) LDEF　　　(b) LDEF 表面热毯撞击坑　　　(c) LDEF 表面金属拦击坑

图 1.10　LDEF 撞击坑

2. 航天飞机

某航天飞机在执行 STS－126 飞行任务中遭受了最严重的一次撞击,一个毫米级碎片击穿了热控管路外面的硅胶纤维毯,在管路内壁产生了崩落,距离管路泄漏只有一步之遥,如图1.11所示。分析得知该碎片为一直径约 0.4 mm 的不锈钢粒子。此次事件后,NASA 对辐射器管路的设计采取了更加审慎的态度。
"发现者号"航天飞机 2000 年 10 月执行与国际空间站的对接任务,在 13 天飞行
期间,被撞击 38 次,最大撞击坑达 1 cm,由小油漆片撞击形成。"奋进号"航天飞
机飞行 11 天被撞击 30 次。

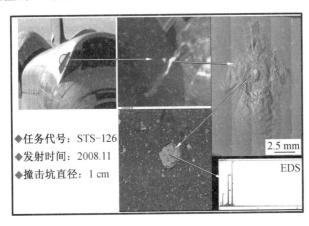

图 1.11　航天飞机撞击情况

3. 国际空间站

2007 年 6 月,宇航员在国际空间站(International Space Station,ISS)俄罗斯
舱段进行舱外活动时,在"曙光"号货舱(Functional Cargo Block,FCB)的外部热
防护毯上发现了一个长 67 mm、宽 33 mm 的撞击坑。据分析,该撞击坑由 2 ～
3 mm 的碎片以大倾斜角度撞击造成,如图 1.12 所示。2008 年初,宇航员舱外活
动时在国际空间站护栏和舱外活动工具上各发现一个撞击痕迹。护栏上的撞击
坑直径为 1.78 ± 0.25 mm、深度为 1.27 ± 0.76 mm,据分析是被一直径为
0.7 mm 的碎片撞击产生。宇航员在这一区域做了标记,以防在以后的太空行走
中刮伤手套,危及生命。舱外活动工具上的撞击坑直径为 5 mm,背部形成剥落,
撞击碎片的直径估计为 1.1 mm。此外,ISS 迄今为止为了躲避空间碎片撞击进
行了 24 次机动规避,每次规避消耗推进剂约 30 kg。

4. 哈勃望远镜

2014 年 3 月,NASA 发布了哈勃望远镜宽场行星相机 2(WFPC2)的 1.76 m^2
表面在运行 15 年中受到空间碎片撞击的最新数据:大于 0.7 mm 的撞击坑有
63 个。而哈勃望远镜的太阳翼在运行 8 年中直径为 3 μm ～ 7 mm 的撞击坑/孔
多达 6 000 个,其中完全穿透的撞击孔达 150 个,如图 1.13 所示。

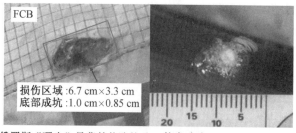

◆ 碎片直径：2~3 mm   ◆ 撞击坑深：0.688 mm

◆ 碎片速度：约 7 km/s   ◆ 损伤区域：14 mm×10 mm

◆ 撞击角度：约 70°

图 1.12　国际空间站撞击情况

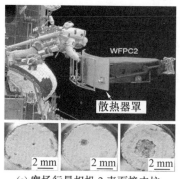
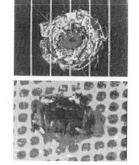

(a) 宽场行星相机 2 表面撞击坑　　　　(b) 太阳翼表面撞击坑

图 1.13　哈勃望远镜撞击情况

1.4　空间碎片探测发展现状及趋势

　　发展空间碎片探测能力，可为提升空间碎片威胁事件应对能力奠定基础。当前，外空安全问题日益突出，各主要航天国家对空间碎片探测能力建设更加重视，力求通过天地协同、全球布局和数据共享等方式，构建天地一体的空间碎片探测体系，以满足探测信息的准确性和时效性要求。

　　美国目前拥有性能先进、全球覆盖多重叠、天地基协同观测的空间探测网（Space Surveillance Network，SSN），具备 10 cm 以上碎片的全面编目能力，维持着近 30 000 多个在轨碎片的动态编目，先后通过 NASA 和国防部向民用用户和国外用户免费提供空间探测数据。美国空间探测网地基探测设备分布在全球 25 个探测站点,其中 15 个位于美国本土之外,由 17 台雷达设备、13 台光学设备,以及相关通信网络、几个处理数据操作中心组成;天基探测设备由 4 种类型 (SAPPHIRE、SBSS、STSS、GSSAP) 共计 8 颗天基探测卫星组成,位于马绍尔群岛的新一代空间篱笆即将投入使用,预计可将低轨碎片编目能力提升至 20 万个,编目尺寸达到 2 cm,空间碎片探测能力将得到大幅提升。

俄罗斯空间探测网对高轨目标的编目能力全球领先。苏联曾拥有世界上最先进的空间探测网和强大的空间探测能力,空间探测能力仅次于美国。近年来,俄罗斯又新建了数台相控阵雷达,并将布设全球的多台光学望远镜联网组成国际科学光学网(International Scientific Optical Network,ISON),参与光学设备共计已有 100 多台,测站遍及 16 个国家和地区。俄罗斯碎片编目数量约为 24 000 个。

ESA 于 2009 年提出了态势感知发展计划,计划 2020 年形成低轨 5 cm、中高轨 50 cm 以上探测能力,探测网包含:1 台搜索雷达、5～10 台跟踪雷达、全球 4 个站点 20～30 台望远镜、一台天基望远镜。正在运行的主要雷达设备是法国的 GRAVES 雷达、ARMOR 雷达和德国的 TIRA 雷达,光学观测网是由法国牵头的 TAROT 观测网,共有 3 台望远镜,分别位于南美洲、欧洲和印度洋。

近年来,国外商业卫星公司迅猛发展,对空间碎片的探测跟踪及空间碎片探测的需求愈来愈强烈。2009 年,Inmarsat、Intelsat、SES 和 Eutelsat SDA 等多家商业卫星公司组织成立了空间数据协会(Space Data Association,SDA),提出了一种由参与者共享数据和分担运营成本的空间碎片探测及空间态势感知新模式。同时,ComSpoc 公司基于 AGI 公司的支持推出了空间数据信息的付费服务,目前该公司已在全球布设 28 台望远镜,获取了 5 000 多个空间物体轨道信息。可以预见,在微小卫星和商业航天迅速发展、空间碎片撞击规避和空间碎片移除逐步规范化、法律化的将来,机构间数据共享、成本共担、协调合作的新模式必将成为主流。

现有的空间碎片地基探测手段无法达到对空域、时域的无缝覆盖,不能达到全天域、全天候、全天时探测。发展天基探测技术是空间碎片跟踪与监视的大势所趋,最终形成天地系统一体化、全天时、全天域、全天候、广尺度、多手段的碎片探测能力。

1.5　空间碎片天基探测必要性

空间碎片探测是指对空间碎片的分布、运行轨道、特性、属性状态等进行测量,从而建立其空间碎片的编目定轨数据,识别碎片的属性类型和运行状态,为航天器碰撞预警、碎片清除等提供支持。空间碎片探测按探测平台主要分为地基探测和天基探测两种。传统的空间碎片探测多采用由地基雷达、光学望远镜及无线电信号探测器组成的监视网进行识别、探测和跟踪。地基碎片雷达探测能够提供探测距离信息,具有探测精度高的优点。但是,由于地基雷达系统功耗大,目标信号损失与距离的四次方成正比,因此雷达系统只局限应用在低轨较大尺寸目标的探测上;地基碎片光学探测受应用环境限制,云、雾、大气污染、城市的辉光或满月时的辉光都可能降低光学探测器的探测能力;由于国土范围限制,地基设备只能在境内的特定区域观测,观测效率不高。

综合考虑地基探测设备的能力限制、各尺度空间碎片探测需求的迫切性、天基平台可提供的资源等因素,短期内将主要发展基于光学手段的天基探测系统,实现 $1 \sim 10$ cm 危险碎片的探测。后续随着技术的发展,可发展微波、亚毫米波、毫米波、太赫兹等新型探测手段的天基系统。天基探测器可弥补地基设备地域分布局限性的不足,提高探测频度,对减少预报时限、提高预报精度等具有不可替代的优点,主要体现在以下方面:

(1) 全天时工作。

地基光学碎片探测手段在白天受太阳光照的影响,其直射太阳光比碎片反射的太阳辐射光强度更高,导致无法观测到空间碎片,只有在夜间背景光很弱时才能够探测到空间碎片。在地球轨道上的卫星通过合理的轨道设计,天基碎片探测系统则可实现对碎片的全天时探测。

(2) 探测范围广。

由于地球大气和地理条件的影响,地基观测设备的观测范围总是受到限制,而在地球轨道上可以实现对更广阔空间的监视。天基碎片探测系统在轨运行,只需要较少的卫星就可实现对全天域碎片的覆盖探测。

(3) 不受大气影响。

由于空间碎片的探测主要依靠雷达和光学手段,从地面看空间碎片,无论是被动工作的光学设备还是主动工作的雷达设备,均需通过大气层,且雷达电波还往返共两次穿越大气层,因此受大气影响大。天基平台工作在大气层以上,基本不受大气影响,因此可以确保观测精度,提高了对空间碎片的编目管理和数据更新能力。天基光学探测系统位置高远、可不受大气影响,其探测精度高、距离远、目标多,且系统相对简单。

(4) 能够对碎片近距离精确探测。

天基空间碎片探测卫星在轨运行,可以获得更近的探测距离,特别是在合适的条件下能够对空间碎片进行近距离探测,可实现很好的探测效果,这也是地基设备无法完成的。

(5) 无须全球布站。

地基探测设备为提高对低轨碎片的探测效率,必须进行全球布站。天基探测手段则可很好地弥补地基探测手段在这方面的不足,无须到国外建立地面站。

(6) 天基探测设备对地面环境的影响小。

为了保证地基光学望远镜的工作性能,站址需满足星光背景足够暗的条件。在当前社会经济高速发展的前提下,站址选择难度大,还会对当地居民的生活构成一定限制。雷达站址对人们的生活影响则更大,为达到环境保护标准,现有威力规模的雷达就需要设置数百乃至上千米半径的保护区,若建设更大规模的雷达,则保护区范围更大。在当前我国土地资源日益紧张的情况下,发展天基探测系统可大大减少站址建设对人类生活的影响。

第 2 章

空间碎片分布与材料特性

2.1 小碎片分布特性分析

在没有空间碎片探测数据的情况下,只能通过相关模型进行分析计算,获得 $1 \sim 10$ cm 空间碎片的分布特征。

2.1.1 建模方法选择

空间碎片环境建模的基本途径有两种:正向建模和反向建模。所谓正向建模就是从已有的定理、公式出发,经过理论上的推导、归纳来完成建模工作;而反向建模则是从大量的已知观测数据出发,借助于假设条件,经过反向的推理、演绎来确立模型。在空间碎片环境建模的过程中,由于涉及的未知因素太多,因此只采用正向建模会遇到很大的困难和挑战;更多的时候,采用正向建模和反向建模相结合的方法进行数学建模。根据对观测数据的依赖程度不同,人们把空间碎片环境模型分为工程模型和演化模型。

1. 工程模型

工程模型是在观测数据的基础上,借助于分布函数的形式对空间碎片环境进行工程化近似描述,从本质上来讲,工程模型是半经验性质的数学模型,属于反向建模的范畴。工程模型强调与近地轨道上空间碎片的观测数据保持高度的一致性,而不把研究的重点放在空间碎片生成的机理(机制)、后天的演变进化等技术细节上。工程模型建模的基本思想可概括为:重观测数据,轻演化机制;重分析结果,轻建模过程。尽管工程模型在对碎片环境预报(预测)的精度上还不能做到与真实的空间碎片环境状况完全一致,但对于空间碎片环境建模的诸多应用(如空间碎片的风险评估)而言,其精度足以满足要求。工程模型与空间碎片的观测数据紧密结合,使得它在对近地轨道上空间碎片的短期预报、空间碎片的风险评估等诸多方面都有广泛应用。

ORDEM 96/2000 是美国 NASA 的一个基于计算机的半经验性质的空间碎片环境模型,它实现了直接的碎片观测数据和复杂的轨道碎片模型的有机结合,也是目前使用比较广泛的模型。它的特点是采用一些假设条件简化模型,结合实际测量数据,按碎片直径,航天器轨道高度、倾角和特定的时间给出轨道碎片的通量,为航天器的空间碎片防护设计服务。

ORDEM 96/2000 把整个空间碎片环境划分成 6 个轨道倾角带、2 种轨道类型(圆轨道和椭圆轨道)和 6 种空间碎片源,采用简单数据拟合的方法对未来短期内空间碎片环境进行分析预测。大碎片的数据信息主要来源于美国空间司令部的在轨可跟踪碎片数据库;而尺寸小于 10 cm 碎片的数据主要来源于 Haystack 雷达、Goldstone 雷达、LDEF 和美国的航天飞机。在 NASA 最新版工程模式 ORDEM 2000 中,空间碎片被划分到 5 个不同的直径域中:$(10~\mu m, 100~\mu m)$、$(100~\mu m, 1~cm)$、$(1~cm, 10~cm)$、$(10~cm, 1~m)$、$(\geqslant 1~m)$。不同直径域中的碎片数据来自不同的观测机构、观测设备。美国空间监视网的在轨碎片目录提供直径大于 10 cm 碎片的数据;Haystack 雷达提供$(1~cm, 10~cm)$范围内空间碎片的观测数据;LDEF 提供$(10~\mu m, 100~\mu m)$范围内空间碎片的数据信息;$(100~\mu m, 1~cm)$范围内空间碎片的数据不能直接得到,要通过插值计算才能得到。Goldstone 雷达提供的数据信息用于修正上面插值的结果。

ESA 根据空间碎片的密度和速度数据进行三维离散化,建立了半确定性模型 Master 模型,该模型考虑了所有产生空间碎片的主要空间碎片源,适用于各种高度轨道上空间碎片环境的短期预测。

2. 演化模型

演化模型通常用一系列专用子模型(如发射模型、碎裂模型、摄动模型等)来描述具体空间碎片的来源和衰减机制,从而对空间碎片环境的发展趋势做出半定性的描述。从本质讲,演变模型是定量的正向数学模型。

在建模的原理和方法上,演化模型和工程模型背道而驰,它重点强调对构成整个模型的众多子模型从机制上进行研究,通过对空间碎片生成、衰减等机制的研究,进而对未来碎片环境发展趋势做出合理的预测。演变模型建模的基本思想是:重演化机制,轻观测数据;重建模过程,轻分析结果。演化模型深受模块化建模思想的影响:众多的子模型有机结合在一起构成了完整的空间碎片模型;各个子模型相对于整个模型而言又是独立的,均从机制上对整个空间碎片环境的某一部分进行描述。演化模型在结构上是一倒立的树形结构,如图 2.1 所示。

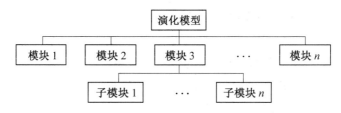

图 2.1　演化模型模块化结构示意图

3. 模型确定

由于工程模型和碎片环境观测数据紧密相关,工程模型短期预报效果的精度非常高,这是工程模型最大的优点。但工程模型存在着先天性的不足,即对空间碎片的生成、演化等机制不做过多的研究,加之工程模型过分依赖当前空间碎片的观测数据,没有考虑对碎片轨道变动有影响的各种摄动因素,使得它无法用于碎片环境的中长期预报。由于工程模型过分倚重实测数据,而碎片环境是一个动态系统,为了获得较准确的分析信息不得不经常更新数据,故工程模式的效费比低。

由于演化模型是从机理上对空间碎片问题进行描述和研究,而不像工程模型那样与当前的碎片观测数据紧密相连,通过演化模型得出的预测数据往往与真实的碎片现状有一定的出入。尽管如此,演化模型在分析潜在空间碎片来源、碎片碎裂、演化机制等诸多方面都提供了有价值的参考。由于演化模型是从机理上对碎片环境的演化过程进行说明,它对碎片数据的依赖程度比工程模型要低得多。演化模型一旦建立,在很长一段时间内都可以对当前碎片环境进行分析、对未来碎片环境进行预报,故其效费比高。演化模型也有其不足之处,那就是建模过程相对复杂,模型中还存在许多不确定因素,且模型精度有待于进一步提高。

鉴于当前缺少 1 ～ 10 cm 碎片实测数据,工程模型建立较为困难,拟通过演化模型分析小碎片的分布特性。

2.1.2　演化模型计算

根据演化模型进行低轨小碎片分布计算,包括以下环节:

1.空间环境数据库的建立

主要是通过历史发生的碎裂事件以及当前的大碎片数据库,建立当前空间碎片环境数据库,可利用该数据库分析某些空间碎裂事件对未来空间环境的影响,生成了包括事件生成碎片的空间环境碎片数据库,目前该数据库的碎片尺度范围为大于 1 cm(也可以根据需要进行选择)。

2.基于空间碎片演化模型的空间碎片中长期预测

基于空间碎片演化模型对未来空间碎片的变化趋势进行分析,并通过不同数据文件的调用和不同参数的设置,对各种减缓措施对未来空间碎片环境的影响,以及爆炸和碰撞等对各种碎片变化趋势的影响进行分析,如图 2.2 所示。

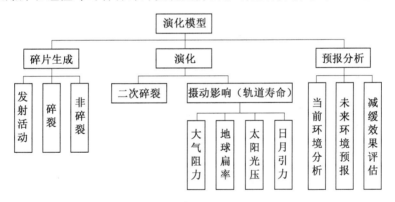

图 2.2　演化模型的构成

3.各种分布计算

通过选择数据库,可对各种空间碎片数据库的轨道分布、质量分布、密度分布、碰撞因子等各项参数进行计算。

2.1.3　小碎片分布统计

小碎片的空间分布,涵盖了从几百千米高度的 LEO 到 36 000 km 高度的

GEO 的范围,且处于 10 km/s 量级的超高速运动状态。

空间碎片近似散布于近地空间各个不同的高度,由于应用需求和空间资源的限制,空间碎片密度在 700～1 000 km 的 LEO 和 GEO 明显呈现出两个相对密集的区域。

目前,尺寸大小在 10 cm 以上的空间碎片可以由空间监视网提供的编目数据来确定地描述其分布,并预报计算其运动轨迹。对于尺寸大小在 1～10 cm 的空间碎片,目前尚无观测手段可以获取测量数据,但空间碎片模型可以通过空间密度的形式预测在不同区域的空间碎片的分布趋势。图 2.3～2.6 所示分别为 MASTER 2009 碎片模型中,LEO＋GEO 区域和 LEO 区域内 10 cm～10 m 空间碎片及 1～10 cm 空间碎片密度随轨道高度变化曲线。

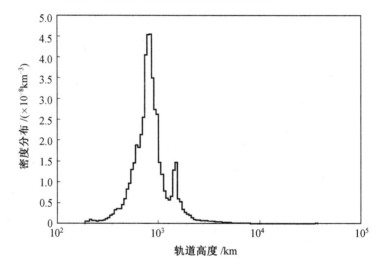

图 2.3 LEO＋GEO 区域 10 cm～10 m 空间碎片密度随轨道高度变化曲线

由图 2.3～2.6 中基于 MASTER 2009 空间碎片模型预测的不同尺寸空间碎片密度随高度的变化情况,可以看出其空间分布具有一定的相似性。这是因为不同尺度的空间碎片在近地空间中自由运行,其空间分布具有一定相似性,即小尺寸的 1～10 cm 空间碎片的分布特性与空间监视网编目的 10 cm 以上的空间碎片,在统计上具有相似的分布。

对低轨航天器构成威胁的空间小碎片的一般分布域为:近地 200～1 000 km 轨道高度的球形区域。利用基于演化模型的空间碎片分析预测软件,根据不同轨道高度 1～10 cm 的小碎片密度分布,计算不同轨道高度 1～10 cm 的小碎片数量分布如图 2.7 所示。

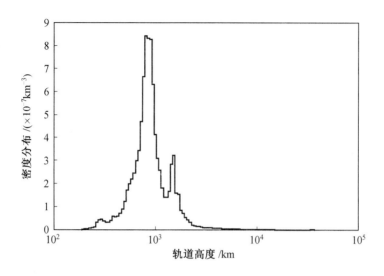

图 2.4　LEO＋GEO 区域 1～10 cm 空间碎片密度随轨道高度变化曲线

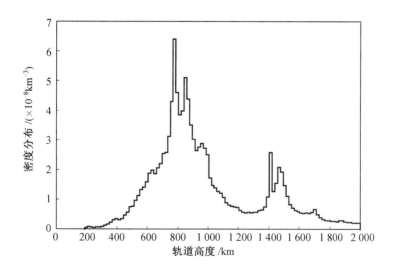

图 2.5　LEO 区域 10 cm～10 m 空间碎片密度随轨道高度变化曲线

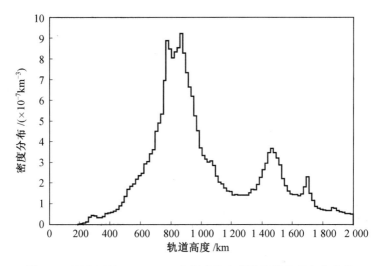

图 2.6　LEO 区域 1～10 cm 空间碎片密度随轨道高度变化曲线

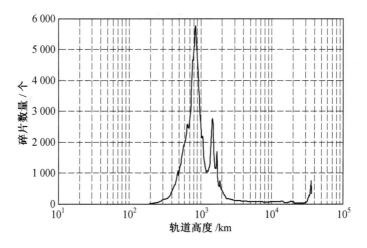

图 2.7　不同轨道高度 1～10 cm 的小碎片数量分布

通过计算可得，0～2 000 km 轨道有 1～10 cm 的碎片约 3.115 1×10^5 个，2 000～10 000 km 轨道有 1～10 cm 的碎片约 8.063 1×10^4 个，10 000～40 000 km 轨道有 1～10 cm 的碎片约 3.069 0×10^5 个，在近地轨道空间 1～10 cm 的空间碎片共有约 70 万个。图 2.8 给出了不同尺寸空间碎片的数量情况，可以看出小于 1 cm 的碎片占空间碎片的大多数。

与轨道高度类似，不同尺度的空间碎片的轨道倾角、偏心率等分布特性也是相似的。图 2.9 给出了大于 1 cm 的空间碎片随轨道倾角分布情况，可见其轨道倾角主要分布在 60°～100° 范围内。

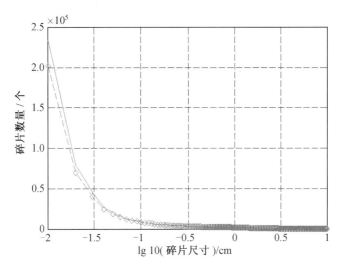

图 2.8　不同尺寸空间碎片的数量情况

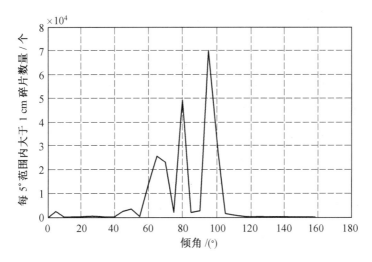

图 2.9　大于 1 cm 的空间碎片随轨道倾角分布情况

2.2　小碎片材料特性分析

2.2.1　空间小碎片来源分类

根据来源不同,空间小碎片大体由四种类型的物质组成:失效的有效载荷、航天器发射和飞行过程中的废弃物(以下简称运营碎片)、碎裂物和微粒物质。

其中已失效的有效载荷占可跟踪物体总数的 20% 左右,运营碎片占 26% 左右,碎裂物占 49%,微粒物质则只能估计和分析,无法跟踪。

（1）失效的有效载荷。

失效的有效载荷曾经是使用中的有效载荷,但后来用户对之失去控制,目前在地球轨道上运行的失效的有效载荷约有 1 000 多个,其中大部分是已失效的卫星和空间探测器。

（2）运营碎片。

运营碎片是指那些在航天器发射和飞行过程中使用过的、目前仍滞留在外层空间的物体,自从第一颗人造地球卫星发射升空以来,已有大量与空间飞行有关的这类物体进入了空间,其中有许多已再入地球大气层并解体。这类碎片中大部分是发射设备和载人飞行过程中宇航员有意无意地抛入外层空间的物体,如火箭壳体、远地点发动机、火箭头锥体、有效载荷分离设备、防热层、窗户和镜头盖、未使用完的推进剂和凝固的污水等。

（3）碎裂物。

空间物体遇到爆炸、碰撞和至今未能知道的一些现象就会碎裂,这部分空间小碎片就是这样产生的。目前已经发现大约有 100 多颗卫星碎裂后产生的碎片滞留在许多应用卫星和所有载人飞船所在的 2 000 km 以下的轨道上。目前由于空间物体遇到爆炸（无论是有意的还是无意的）,已经给外层空间环境制造了数千千克的空间小碎片,其中有相当一部分碎片的尺寸在 1 mm～1 cm 之间,无法跟踪。有关国家或组织之所以进行有意爆炸,一是为了防止一些卫星整体返回地面,二是进行武器实验。无意爆炸通常是由推进系统故障引起的,而有些爆炸的原因还有待进一步查明。碰撞产生的空间小碎片比爆炸产生的空间小碎片对使用中的有效载荷威胁更大。碰撞产生的空间小碎片数量比爆炸产生的多,而且一般都太小无法跟踪;另外,其运动速度也比爆炸产生的空间小碎片的速度高。

（4）微粒物质。

微粒物质的大小在 1～100 mm 之间,由许多微粒和气体等物质组成。估计目前在外层空间有 100 亿到数千亿微粒。这类空间小碎片来自固体燃料火箭发动机、轨道物体的外壳及载人航天器表面层。这类物质中大部分是固体氧化铝微粒。在航天飞机轨道器载人飞行过程中,排放出的微粒物质包括各舱室的泄漏物、重分子排放气体、废水及热液化器系统和反作用控制系统发动机工作过程中的排放物。

卫星产生的空间小碎片主要有以下四种：

① 由微小空间小碎片、微流星体、氧原子、太阳辐射等造成的卫星表面涂层、隔热多层材料以及太阳电池等的剥落。

② 卫星发射过程和入轨后的抛出物，主要是有效载荷的保护盖、火工解锁装置等，如扫描辐射计辐冷器的防污罩、光学相机的镜头盖、太阳电池阵解锁火工装置等。按照现在的星箭界面分工，星箭分离装置的包带、爆炸螺栓、分离弹簧均属于运载火箭的任务。

③ 星上储能装置或运动部件失效导致卫星解体产生的碎片。这些能量源包括剩余推进剂、蓄电池、高压容器、飞轮、陀螺、红外地平仪、太阳阵定向驱动机构以及各种有效载荷的运动部件等。卫星与空间小碎片或流星体撞击导致卫星解体产生新的碎片。

④ 任务终止后卫星自身亦成为空间小碎片。

综上所述，低轨卫星产生的碎片包括卫星表面的剥落、卫星在发射过程的抛撒和卫星的碰撞解体等，任务终止后卫星自身亦成为空间碎片。

2.2.2   碎片类型分析

对于碰撞解体的卫星，产生的空间小碎片材料主要为卫星材料。可分为金属材料、非金属材料、复合材料，主要成分是铝合金及铝、锌、钛等金属氧化物，以及电子产品产生的含铜、银等成分的碎片，平均密度为 2.8 g/m^3。在 LEO 上，空间小碎片绕地球运行的速度为 7 ~ 8 km/s，卫星与空间小碎片碰撞速度为 10 km/s。

操作性的空间小碎片包括火工品工作后可能会释放出的拉簧、螺栓、金属碎屑以及解锁后的包带。其中除包带的质量较大外，其他均在 10 g 以下。若不考虑卫星离轨因素的影响，单个操作性碎片的综合危害度一般低于废弃卫星，因此产生微量碎片不会对总危害造成明显改变。

无控的在轨物体的留轨时间主要取决于其面质比，对颗粒状物体而言，其形状近似为球形，其面质比的范围约为 0.01 ~ 10 m^2/kg。碎屑类特征长度小于 1 mm，其面质比约为 0.17 m^2/kg（按钛密度 4 450 kg/m^3 计算）；螺钉类碎片典型特征长度为 10 mm，其面质比约为 0.01 m^2/kg（按钢密度 8 470 kg/m^3 计算）。一般航天器的面质比约为 0.01 m^2/kg。因此，航天器在轨产生的意外碎屑的面质比是普通航天器的 $20 \sim 1\,000$ 倍,相应地,其轨道寿命也是航天器的 $1/20 \sim 1/1\,000$。 而尺寸达到螺钉类的金属颗粒的在轨时间将与整星基本相同。包带质量为 $3 \sim 5$ kg,长度约为 $1\,200 \sim 3\,000$ mm,高度约为 100 mm,厚度约为 10 mm,因此其最小迎风面为 10^{-3} m^2,最大迎风面约为 $0.12 \sim 0.3$ m^2,按平均值计算,迎风面约为 $0.06 \sim 0.15$ m^2,因此其面质比约为 $0.02 \sim 0.03$ m^2/kg,故包带在轨寿命约为整星的 $1/2 \sim 1/3$。

第 3 章

空间碎片光学特性

开展空间碎片光学特性分析是进行天基光学探测系统分析设计的前提。当前,可见光探测是空间碎片光学探测相对较为成熟的技术手段。本章将介绍空间碎片光学特性及其计算方法,为有效载荷指标的确定提供依据。

3.1　空间碎片的光学可观测性分析

空间碎片主要因反射太阳光而发亮,光学观测方法是探测空间碎片的主要手段,原因如下:

(1) 可见光谱段的辐射能量高。

太阳辐射能主要集中在 $0.3 \sim 3 \ \mu m$ 波长范围内,而其中波长在 $0.4 \sim 0.76 \ \mu m$ 的可见光区域的能量就占上述范围内总能量的 45.5%,对于光学仪器来说这一点尤为重要,因为高能量意味着更高的信噪比、更优良的成像(探测)质量。

(2) 地面观测时的大气窗口因素。

目前人类对空间碎片的探测主要依赖地面设备,这就会不可避免地受到大气的影响。大气对电磁波的选择性吸收使得各个谱段间的衰减程度互不相同,那些受大气衰减效应影响程度低(透射率高)的谱段范围称为大气窗口。

(3)可见光探测器技术成熟。

在各类现有的探测器技术中,可见光探测器具有诸多先天优势,因此其发展尤为迅速。首先,大多数光电探测器都属于以半导体硅片为基底的集成电路,因为半导体的材料特性,其光电转换效率(光谱响应度)在可见光谱段是最高的;其次,在近年来民用需求的带动下,可见光探测器从原理和工艺等多个方面不断改善和提高,其产品成本、寿命、可靠性等与其他谱段的探测器相比具有较强的优势;最后,随着近年来国外对探测器技术的不断开放,诸多高性能的型号产品逐渐能够通过跨国采购的方式获得。

然而,空间碎片的观测应考虑到地球、太阳以及探测载荷位置的影响。在不同的情况下,空间碎片的可观测性是不同的。天基探测卫星对空间碎片的探测,需要考虑地球和太阳的影响:当空间碎片被地球遮挡时,卫星是观测不到空间碎片的;当空间碎片处于地球阴影(简称地影)区时,卫星也无法对其进行观测;当卫星逆向太阳光对空间碎片进行观测时,观测同样无法实现。通过理论分析,可总结出对空间碎片观测有利的条件。

3.1.1　地球遮挡的影响

图3.1所示为空间碎片、天基探测卫星和地球之间的关系示意图。图中,S代表天基探测卫星;D代表空间碎片;以O为圆心的圆代表地球;C代表天基探测卫星的星下点;SA和SB分别为卫星向地球所作的切线,其中A、B为切点,α为切角。

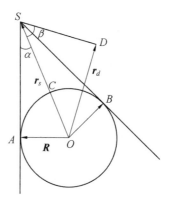

图3.1　空间碎片处于天基探测卫星和地球的切线包络外

切线SA、SB和弧线ACB形成切线包络,如图3.1所示,空间碎片处于天基探测卫星和地球的切线包络外,此时天基探测卫星对空间碎片的观测不会受到地球的影响。设空间碎片和天基探测卫星的连线 DS 与卫星的地心向径 SO 间的夹角(观测角)为 β,则其可见条件为

$$\alpha < \beta \tag{3.1}$$

其中

$$\alpha = \arcsin \left| \frac{\boldsymbol{R}}{\boldsymbol{r}_s} \right| \tag{3.2}$$

$$\beta = \arccos \frac{(\boldsymbol{r}_s - \boldsymbol{r}_d) \cdot \boldsymbol{r}_s}{|\boldsymbol{r}_s - \boldsymbol{r}_d| \, |\boldsymbol{r}_s|} \tag{3.3}$$

如图 3.2 所示,当空间碎片处于天基探测卫星和地球的切线包络内时,由于存在地气光的影响,此时天基探测卫星无法对空间碎片进行观测。

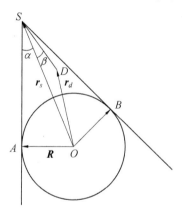

图 3.2　空间碎片处于天基探测卫星和地球的切线包络内

3.1.2　地球阴影的影响

空间碎片在太阳光照射下,才能由天基探测卫星的相机拍摄到。如图 3.3 所示,由于空间碎片绕地球运动,地球受太阳光照射产生地影,空间碎片是否在地影之内用照射因子 F 表示,定义为

$$F = \begin{cases} 1, & \text{空间碎片在地影之外} \\ 0, & \text{空间碎片在地影之内} \end{cases}$$

假定从地心至空间碎片的矢量为 $\boldsymbol{R}$,太阳光为平行光($\boldsymbol{R}_{\text{SOL}}$ 为其单位矢量),即地影为圆柱形地影模型,D 为矢量 $\boldsymbol{R}$ 在矢量 $\boldsymbol{R}_{\text{SOL}}$ 上的投影,则有

$$D = \boldsymbol{R} \cdot \boldsymbol{R}_{\text{SOL}} \tag{3.4}$$

设 H 为空间碎片与矢量 $\boldsymbol{R}_{\text{SOL}}$ 之间的垂直距离,则有

$$H^2 = |\mathbf{R}|^2 - D^2 \qquad (3.5)$$

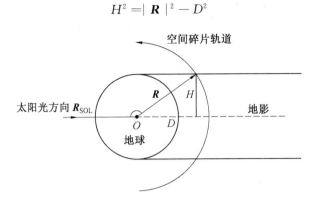

图 3.3　空间碎片进、出地影平面图

可基于如下判据,判断空间碎片是否处于地影中。

① 当 $D > 0$ 时,空间碎片在太阳光照下,$F = 1$。

② 当 $D \leqslant 0$ 时,若 $H \geqslant R_e$(R_e 为地球半径),则空间碎片在太阳光照下,$F = 1$;若 $H < R_e$,空间碎片在地影之中,$F = 0$。

在 F 由 1 变 0 时,记录时刻 t_1 为进地影时刻;在 F 由 0 变 1 时,记录时刻 t_2 为出地影时刻。

3.1.3　逆向太阳光的影响

当天基探测卫星逆向太阳光观测空间碎片时,由于背景光强烈,无法实现空间碎片观测。如图 3.4 所示,定义 θ 为"卫星－空间碎片"矢量与"卫星－太阳"矢量连线的夹角,称为阳光规避角。结合工程应用实际,一般要求 $\theta \geqslant 30°$,即观测方向避开阳光直射的一定角度,才可实现空间碎片探测。

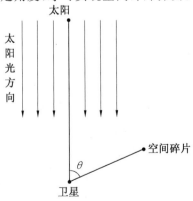

图 3.4　卫星观测与太阳光影响关系图

3.2　空间碎片亮度的计算模型

对于空间碎片天基探测而言,除满足可观测性条件外,为实现特定尺度、距离、光学观测条件下的空间碎片探测,对天基探测载荷的探测能力提出了一定要求。

小碎片光度特性主要包含辐射照度、辐射亮度等辐射量。辐射照度 E 为照射到表面一面元上的辐射能量除以该面元的面积,即

$$E = \frac{\mathrm{d}\Phi}{\mathrm{d}A} \tag{3.6}$$

式中　　Φ—— 被照射表面的辐射能量;

　　　　A—— 被照射表面的面积。

辐射照度 E 的单位为瓦特每平方米($\mathrm{W/m^2}$)。为了表示辐射体表面不同位置和不同方向上的辐射特性,引入辐射亮度的概念。辐射亮度是在垂直光源辐射传输方向上,每单位光源表面积在单位立体角内发出的辐射通量。

如图 3.5 所示,在辐射体表面 A 点周围取微面元 $\mathrm{d}A$,在 $\mathrm{d}A$ 某一辐射方向上取微小立体角 $\mathrm{d}\Omega$,其中心线与 $\mathrm{d}A$ 之间的夹角为 α,$\mathrm{d}A$ 在 $\mathrm{d}\Omega$ 中心线垂线方向上的投影面积为 $\mathrm{d}S_n$,则 $\mathrm{d}S_n = \mathrm{d}A \cdot \cos\alpha$。

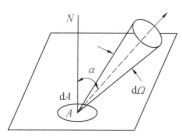

图 3.5　辐射亮度示意图

假定在 AN 方向上的辐射强度为 I,把 I 与 $\mathrm{d}S_n$ 之比称为辐射亮度,用符号 L 表示,即

$$L = \frac{I}{\mathrm{d}S_n} = \frac{\mathrm{d}^2\Phi}{\mathrm{d}A \cdot \mathrm{d}\Omega \cdot \cos\alpha} \tag{3.7}$$

辐射亮度的单位为瓦特每球面度每平方米($\mathrm{W/(sr \cdot m^2)}$)。

一个表面粗糙的反射体或漫射体,还有某些自身发射辐射的辐射源,其辐射

亮度与方向无关,即辐射源各方向的辐射亮度不变,这类辐射源称为朗伯辐射体。待测小碎片就可近似认为是朗伯辐射体。

极坐标对应球面上微面元 dA 的立体角 $d\Omega$ 为

$$d\Omega = \frac{dA}{r^2} = \sin \alpha \cdot d\alpha \cdot d\varphi \qquad (3.8)$$

式中 φ—— 极坐标系的极角。

设朗伯微面元 dS 的辐射亮度为 L,则辐射到 dA 上的辐射通量为

$$d^2\Phi = L\cos \alpha \sin \alpha \cdot dS \cdot d\alpha \cdot d\varphi \qquad (3.9)$$

在半球内发射的总通量 Φ 为

$$\Phi = LdS \int_0^\pi d\varphi \int_0^{\pi/2} \cos \alpha \sin \alpha d\alpha = \pi LdS \qquad (3.10)$$

按照出射度的定义得

$$M = \frac{\Phi}{dS} = \pi L \qquad (3.11)$$

或

$$L = \frac{M}{\pi} \qquad (3.12)$$

对于处在辐射场中反射率为 ρ 的朗伯漫反射体($\rho=1$ 时为理想漫反射体),不论辐射从何方向入射,除吸收的入射辐射通量外,其他全部按朗伯余弦定律反射出去。因此,反射表面单位面积发射的辐射通量等于入射到单位面积上辐射通量的 ρ 倍,即 $M = \rho E$,故得到辐射照度与辐射亮度的换算关系为

$$L = \rho \frac{E}{\pi} \qquad (3.13)$$

空间小碎片包括小卫星和空间中的各种小碎片,这些空间碎片在飞行时周期性地经过地球阴影区和光照区,经过光照区的时间长度、空间光学探测器与碎片的夹角,以及太阳与碎片被观测面的夹角是决定空间碎片可见光特性的主要因素。

1. 太阳辐射照度计算

一般在研究太阳的光谱辐射特性时将其看作一个绝对温度为 5 900 K、半径为 $R_s = 6.959\ 9 \times 10^8\ \text{m}$ 的辐射黑体,其光谱辐射分布图如图 3.6 所示。

根据普朗克定律可以得到太阳辐射光谱单位波长间隔(nm)、单位面积的辐出度为

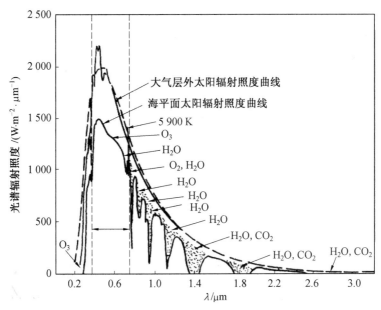

图 3.6　太阳辐射光谱曲线

$$W_\lambda = \frac{C_1}{\lambda^5 (e^{\frac{C_2}{\lambda T}} - 1)} \tag{3.14}$$

式中　　λ —— 波长；

　　　　T —— 热力学温度；

　　　　C_1、C_2 —— 第一、第二黑体辐射常数，$C_1 = 3.741\ 844 \times 10^4$，$C_2 = 1.438\ 769$。

辐出度 W_λ 的单位是瓦特每平方厘米每纳米（$W/(cm^2 \cdot nm)$），在设定的波长范围内积分得到该积分区域太阳辐射能量密度为

$$P_\lambda = A_{sun} \int_{\lambda_1}^{\lambda_2} W_\lambda \, d\lambda \tag{3.15}$$

这样得到太阳光谱辐射照度分布函数为

$$E_{sun}(\lambda) = P_\lambda / 4\pi R_{os}^2 \tag{3.16}$$

式中　　R_{os} —— 面元至太阳的距离。

2. 接收探测器辐射照度计算

如图 3.7 所示，假设空间碎片表面由朗伯反射体面元构成，面元的半球光谱反射率为 ρ，法线方向为 $\boldsymbol{n}$；面元至太阳的距离矢量为 $\boldsymbol{R}_{os}$，其与面元法线方向的夹角为 θ_1；面元至探测器的距离矢量为 $\boldsymbol{R}$；面元至测量传感器的距离矢量为 $\boldsymbol{R}_d$，其与面元法线方向的夹角为 θ_2；$\boldsymbol{R}_{os}$ 与 $\boldsymbol{R}$ 的夹角为 θ，称为太阳相角，$\boldsymbol{R}_{os}$ 与 $\boldsymbol{R}$ 在面元

低轨小碎片天基光学探测与应用

上投影的夹角为 **Φ**。

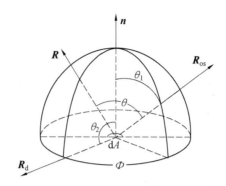

图 3.7　太阳光、碎片表面和探测器观测方向关系图

面元反射的太阳光能量在探测器系统的入瞳处产生的光谱辐射照度为

$$E(\lambda) = E_{\text{sun}}(\lambda)\rho \mathrm{d}A\cos\theta_1\cos\theta_2/\pi R^2 \tag{3.17}$$

则整个碎片反射的辐射照度为

$$E = E_{\text{sun}}\rho A\cos\theta_1\cos\theta_2/\pi \tag{3.18}$$

3. 空间碎片等效星等估算

空间碎片的星等的概念是建立在一个统一衡量标准下的,星体的亮度一般以等效视星等来表示(单位为 Mv),其定义为:两个光通量相差 100 倍的星体的亮度相差 5 Mv。以太阳为最亮星等,则星等计算公式如下:

$$M = 2.5\lg(E_{\text{sun}}/E) + M_{\text{sun}} \tag{3.19}$$

式中　E_{sun}—— 太阳光在接收器入瞳处的辐射照度;

　　　E—— 碎片反射的光在接收器入瞳处的辐射照度;

　　　M_{sun}—— 太阳星等。

通过前面计算可知,如果接收器采用可见光探测器(响应谱段为 0.45 ～ 0.90 μm),则 E_{sun} 约为 643 W/cm²。

3.3　空间碎片亮度的影响因素

影响空间碎片亮度的主要因素包括:

① 空间碎片表面状况。如果空间碎片具有高度抛光、高度反光的表面,那它所反射的阳光自然较多,从探测器上看也比较亮。一颗具有漫反射表面的空间

碎片看起来自然要比一颗具有镜面反射表面的空间碎片微弱得多。当然,随着时间的推移,光亮的表面也会慢慢变得比较粗糙;另外,粗糙的表面有时候也可能因为被熔化而变得光滑。

② 空间碎片的尺寸。空间碎片的尺寸越大,越容易被观测到。

③ 探测器与空间碎片之间的距离。空间碎片距离探测器越近,越容易被观测到;空间碎片距离探测器越远,越不容易被观测到。

④ 空间碎片的姿态。反射截面的大小与空间碎片的姿态有着密切的关联,空间碎片反射截面的有效面积越大,其亮度越高。

以下分别针对铝合金、碳纤维复合结构等不同材质的空间小碎片,给出其亮度估算情况。

1. 铝合金碎片

对于表面材料为铝箔的 $5 \times 5 \times 1.5$(cm) 空间小碎片,其在可见光波段的反射率约为 0.86。当太阳光垂直于空间小碎片 5×5(cm) 表面入射时,不同观测角度的目标光度特性如图 3.8 所示(其中观测角度指的是探测器与入射光线的夹角),可见其亮度介于 $-0.6 \sim 2.4$ Mv 之间。

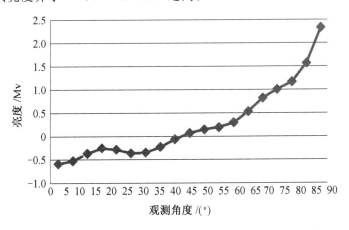

图 3.8　10 km 处正面观测时观测角度与亮度的关系(铝合金碎片)

当太阳光垂直于空间小碎片 5×1.5(cm) 表面入射时,不同观测角度的目标光度特性如图 3.9 所示,可见其亮度介于 $0.5 \sim 5.1$ Mv 之间。

2. 碳纤维复合结构碎片

对于表面材料为碳纤维的 $5 \times 5 \times 2.5$(cm) 空间小碎片,其在可见光波段的反射率约为 0.19。当太阳光垂直于空间小碎片 5×5(cm) 表面入射时,不同观测

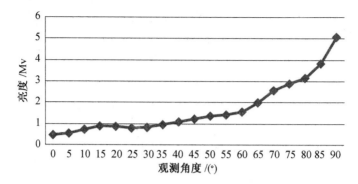

图 3.9　10 km 处侧面观测时观测角度与亮度的关系（铝合金碎片）

角度的目标光度特性如图 3.10 所示，可见其亮度介于 $2.9 \sim 6.1$ Mv 之间。

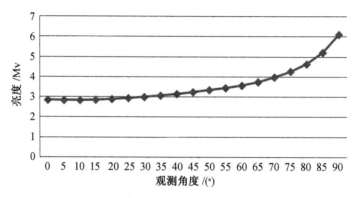

图 3.10　10 km 处正面观测时观测角度与亮度的关系（碳纤维复合结构碎片）

当太阳光垂直于空间小碎片 5×2.5（cm）表面入射时，不同观测角度的目标光度特性如图 3.11 所示，可见其亮度介于 $3.7 \sim 7$ Mv 之间。

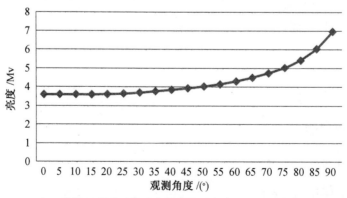

图 3.11　10 km 处侧面观测时观测角度与亮度的关系（碳纤维复合结构碎片）

第 4 章

空间碎片探测载荷

4.1　载荷主要指标架构

1.探测能力

结合第 3 章空间碎片探测亮度公式,假设将空间碎片按圆形平板考虑,碎片漫反射率为 0.15,太阳光照射方向与碎片轴线夹角为 45°,探测方向与碎片轴线夹角为 45° 时,不同观测距离碎片的视星等与碎片尺寸的关系如图 4.1 所示。

对于 $1 \sim 10$ cm 小尺度碎片探测而言,碎片尺度越小,对载荷的探测能力要求越高。对于 1 cm 尺度空间碎片,如图 4.1 所示,若天基探测距离为 1 000 km,则探测能力应优于 18 Mv。

2.探测视场

在可见光相机工作之初,已具有了空间碎片位置的先验信息,但由于碎片位置误差、观测星视线精度等因素的影响,需要对空间碎片出现区域的大小进行计算,即对相机视场大小进行粗略估算,以保证相机视场能够捕获到碎片。若碎片的位置误差为 r,碎片与飞行器的距离为 d,如图 4.2 所示,则相机视场应满足

$$2\omega \geqslant a\tan\frac{r}{d} \tag{4.1}$$

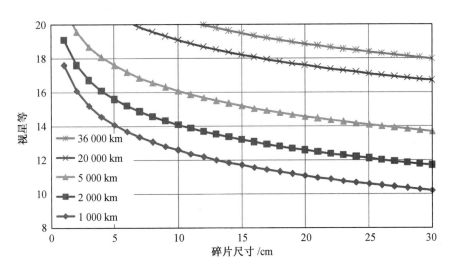

图 4.1　不同观测距离碎片的视星等与碎片尺寸的关系

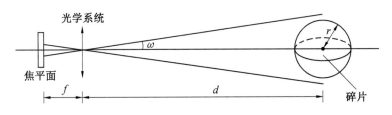

图 4.2　空间碎片位置误差与相机视场关系示意图

　　若在可见光相机工作之初不知道空间碎片的位置信息,根据 NASA 轨道碎片项目办公室的统计和模型分析,不同轨道区域不同尺寸的空间碎片主要分布密度如图 4.3 所示,小碎片主要分布在 2 000 km 以下的 LEO、20 000 km 左右的中地球轨道(Medium Earth Orbit,MEO),以及 36 000 km 左右的 GEO。在低轨区域,尺寸大于 10 cm 的碎片密度最大约为 6×10^{-8} 个 /km³,尺寸大于 1 cm 的碎片密度最大约为 5×10^{-7} 个 /km³。以探测距离 1 000 km 作为参考距离估算,为了能对大于 1 cm 的碎片进行有效探测,视场应不小于 6°,确保视场内平均至少有 1～2 个碎片。

3. 探测信噪比

　　空间碎片探测相机应尽量提高目标成像信噪比(Signal to Noise Ratio, SNR),为目标检测算法提供有利基础。目标提取率计算公式为

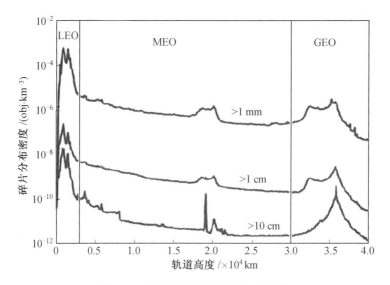

图 4.3　空间碎片空间分布密度曲线

$$P_d = 0.5\left[1 + \mathrm{erf}\left(\frac{\mathrm{SNR} - \mathrm{TNR}}{\sqrt{2}}\right)\right]$$

式中　　TNR——阈值噪声比(Threshold Noise Ratio,TNR)。

图 4.4 给出了碎片检测率与信噪比之间的关系曲线,可见为确保检测率不小于 0.98,需要信噪比不小于 4。

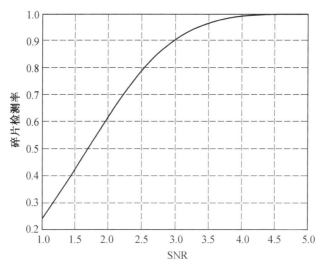

图 4.4　目标提取率关系曲线

SNR 会影响目标的质心定位精度，单帧图像的质心定位精度随着 SNR 的增加而变高。基于空间碎片的提取实践，为实现单帧图像的质心定位精度不大于 0.3 像素，需信噪比不小于 4。

4. 像元分辨率

碎片探测卫星具备对探测目标进行在轨检测识别、天文定位、数据下传等能力，天地一体化目标探测信息处理流程如图 4.5 所示，具体描述如下：

（1）成像探测。

基于探测相机，卫星对处于深空背景的空间碎片进行探测成像。

（2）质心定位。

在信息处理系统支持下，基于目标检测算法，对成像图片进行目标提取，得到目标在相机镜面坐标系下的坐标 (x,y)。

（3）天文定位。

结合卫星平台轨道、姿态、时间、相机指向等信息，通过坐标转化将坐标 (x,y) 转化为赤经赤纬信息 (α,δ)。

（4）定轨编目。

将目标定位信息 (α,δ) 下传至地面数据处理系统，基于定轨方法实现空间碎片的定轨编目，以供用户使用。

图 4.5　天地一体化目标探测信息处理流程图

为分析相机的像元分辨率，首先需结合空间碎片的定轨精度要求分析天文定位精度；然后再基于天文定位精度进一步分解，得到像元分辨率。

由天文定轨原理，定轨精度主要与三方面因素有关：天文定位精度、观测平台位置精度和观测平台时间同步精度，如图 4.6 所示。当前天基平台上一般都配置有全球导航卫星系统（Global Navigation Satellite System，GNSS），可实现 m 级的平台位置精度和 ms 级的时间同步精度，因此定轨精度主要由天文定位精度来决定,与之相比,观测平台位置精度、观测平台时间同步精度等因素导致的定轨误差均属小量。

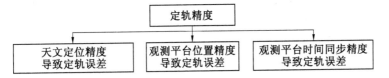

图 4.6　测量精度误差分析

在明确了天文定位精度后,可进一步研究测角精度。天文定位误差可进一步分解为两种情况:一种情况是恒星定位,观测误差主要由光学载荷本身测角精度决定;另一种情况是基于坐标转换的目标定位,其观测误差包括光学载荷测角误差、姿态测量误差、时间同步精度等。对于空间碎片探测而言,一般均采用恒星定位,因此观测误差可仅考虑相机自身的测角误差,具体包括质心定位误差、载荷在轨标定误差、热稳定性精度(在轨温度变化引起的镜头组件热像差),如图 4.7 所示。

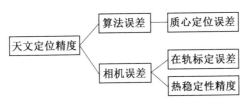

图 4.7　天文定位精度误差源

相机的算法误差主要是对目标的质心定位误差,由前文内容可知,当 SNR = 4 时,单帧图像的质心定位精度不大于 0.3 像素,因此此项误差为 0.3 像素。

相机自身误差包含在轨标定误差、在轨温度变化引起的镜头组件热像差。在轨标定选用亮度大的恒星,至少为 7 Mv,对天基探测相机而言其 SNR 远优于 4,其在轨标定误差不大于 0.1 像素。针对在轨温度变化引起的镜头组件热像差,根据在轨经验其数值不大于 0.1 像素。

综合以上误差,相机最终天文定位精度不大于 1/3 像素,因此可结合天文定位精度得到相机的像元分辨率。值得注意的是,相机像元分辨率的选择还要考虑恒星数量占空比,恒星数量占空比越大虚警率越高,而提高相机的像元分辨率可降低恒星数量占空比。图 4.8 所示为某相机不同角分辨率时恒星数量占空比情况,当像元分辨率由 18″ 提升至 12″ 时,恒星数量占空比可由 13.2% 降低至 6.1%,有助于降低碎片检测的虚警率。

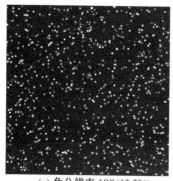

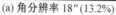

(a) 角分辨率 18″(13.2%)　　　　　　(b) 角分辨率 12″(6.1%)

图 4.8　某相机不同角分辨率时恒星数量占空比情况

5. 光学口径

光学载荷的探测能力主要与光学系统口径、光学效率、成像质量、探测器噪声等因素有关。探测目标的信噪比可用下式表示:

$$\text{SNR} = E_a \frac{\pi}{4} D_0^2 K_0 K_d \tau_0 \frac{t_{\text{int}}}{A_d Q_n}$$

式中　E_a——星等为 m 的目标在大气层外所产生的辐射照度;

　　　D_0——光学系统口径;

　　　K_0——点源目标光斑在探测像元中的能量集中度;

　　　K_d——标志星点光斑能量随机分布情况的因子;

　　　τ_0——光学系统的光学效率;

　　　A_d——探测器的像元面积;

　　　t_{int}——曝光积分时间;

　　　Q_n——探测器噪声等效曝光量(Noise Equivalent Exposure,NEE),是
　　　　　　与探测器噪声有关的量。

关于噪声来源有:探测背景噪声,目标辐射光子噪声,探测器内部噪声,驱动电路、温度环境等固有噪声和引入噪声等。探测器噪声主要包括转移噪声、暗电流噪声、输出噪声、量化噪声和电子读出噪声等,随着电荷耦合器件(Charge Coupled Device,CCD)工艺制造水平的不断提高,以及信号相关双采样等技术手段的出现,可以忽略大部分噪声的影响,这里仅给出主要贡献项:探测背景噪声、目标辐射光子噪声、探测器内部噪声和相机系统总噪声。

(1)探测背景噪声。

探测背景噪声与相机的探测任务要求有关,探测的区域条件决定了探测背景噪声的大小,主要有以星空背景为主的深空背景噪声和以地球辐射为主的地球临边背景噪声。其在 CCD 单个像元上产生的光电子数如下式所示:

$$N_B = \Phi_B \cdot A \cdot Q_B \cdot \tau_{B,optic} \cdot \left(\frac{\varepsilon}{f}\right)^2 \cdot t$$

式中　Φ_B—— 背景信号辐射光子通量,photons/(m² · s);

　　　A—— 光学系统的有效通光面积,m²;

　　　Q_B——CCD 对背景光谱的平均量子效率;

　　　$\tau_{B,optic}$—— 整个光学系统对背景信号光谱的透过率;

　　　ε——CCD 像元尺寸,m;

　　　f—— 光学系统焦距,m;

　　　t——CCD 的积分时间,s。

空间背景是星光背景,对该星光背景进行观测,要发现更暗的星目标就要探究叠加在星上的背景亮度。适合观测的空间背景不包含太阳光、月光、地气光等强光背景。 根据文献报道,空间探测的背景亮度大约在 $2 \times 10^{-6} \sim 4.2 \times 10^{-4}$ W/(sr · m²) 之间,约 $15.4 \sim 21.2$ Mv;其中 21.2 Mv 为深空极限弱背景亮度。也有文献报道,深空极限弱背景亮度能达到 22 Mv。而 15.4 Mv 为相切于地球上空低轨 100 km 处的背景亮度。探测背景光子噪声由光子到达速率的随机波动引起,遵循泊松分布,属于白噪声。由背景产生的光子噪声数方差为

$$n_B = \sqrt{N_B}$$

式中　n_B—— 由背景产生的光子噪声数方差;

　　　N_B—— 由背景产生的光电子数。

一般来说,可见光相机执行探测空间碎片任务时,属于弱小信号目标的探测,受杂散光的影响敏感,其光学系统的结构设计将采取多种措施来保证相机系统高度抑制杂散光,因此最终到达焦面的杂散光受到严格的控制。

(2) 目标辐射光子噪声。

目标辐射光子噪声又称散粒噪声,与探测背景光子噪声一样,也是由目标入射信号光子到达速率的随机波动引起的,遵循泊松分布,属于白噪声。因此,光子噪声的方差等于所期望的信号,即

$$n_S = \sqrt{N_S}$$

式中　n_S—— 由目标辐射产生的光子噪声数方差;

　　　N_S—— 由目标辐射产生的光电子数。

（3）探测器内部噪声。

当没有光入射到 CCD 探测器时，因为有暗电流噪声的存在，探测器仍会产生电子数。暗电流噪声主要是 CCD 读出噪声，它由探测器电压的变化引起。暗电流噪声值通常由给定温度下探测器的实验测量得到，一般由 n_{D} 表示。

（4）相机系统总噪声。

上面提及的空间碎片可见光相机系统中的各种噪声是相对独立的，因此，对于 N 个独立噪声贡献项，系统总噪声的方差是所有噪声贡献方差的总和，其计算公式为

$$N = \sqrt{n_{\mathrm{B}}^2 + n_{\mathrm{S}}^2 + n_{\mathrm{D}}^2}$$

因此，光学系统口径 D_0 可由下式计算：

$$D_0^2 = \frac{A_{\mathrm{d}} Q_{\mathrm{n}} \mathrm{SNR}}{\dfrac{\pi}{2} E_{\mathrm{a}} \tau_0 K_0 K_{\mathrm{d}} t_{\mathrm{int}}}$$

4.2　载荷工作模式

1. 恒星跟踪模式

恒星跟踪模式用于载荷的在轨定标，此时相机视场中心对恒星进行稳定跟踪，图像如图 4.9 所示，具有如下特点：

① 恒星呈点状，帧间无相对位移；

② 高轨道目标呈点状，划线不明显，帧间有几个像素的相对位移；

③ 中轨道目标呈短划线状，帧间的相对位移量较大；

④ 低轨道目标呈长划线状，帧间的相对位移量大。

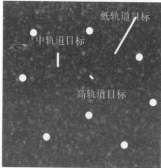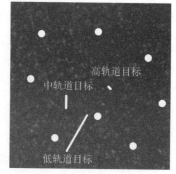

图 4.9　恒星跟踪模式下目标示意图

2. 天区扫描模式

天区扫描模式通常用于载荷对空间碎片的广域机会探测。天区扫描模式下,载荷随着卫星绕地球转动,恒星、空间碎片、碎片都会相对载荷产生运动,合理选择积分时间使得恒星在载荷视场中产生的相对运动在积分时间内不超过一个像素,即可以保证恒星在视场内不划线。由于曝光时间较短,故相对于恒星跟踪模式,碎片目标划线较短,其图像特点与恒星跟踪模式类似,即恒星呈点状,高轨道目标呈点状、划线不明显,中低轨道目标帧间的相对位移量较大。

3. 目标跟踪模式

目标跟踪模式通常用于对重点碎片的跟踪探测,以提升重点碎片的定轨精度。此时,载荷接收来自地面的预报数据指向目标天区,基于卫星平台或转台实现重点碎片的捕获和持续跟踪观测,其图像具有如下特点:

① 目标呈点状,帧间无相对位移;

② 跟踪高轨道碎片时,恒星呈点状,划线不明显,帧间有几个像素的相对位移,如图 4.10 所示;

③ 跟踪低轨道碎片时,恒星呈划线状,帧间有较大的相对位移,如图 4.11 所示。

 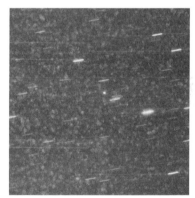

图 4.10　跟踪高轨道碎片图像　　图 4.11　跟踪低轨道碎片图像

4.3　载荷组成与功能

空间碎片探测载荷的设计应在保证各项技术指标的前提下,力求简单化、紧凑化,尽可能沿用成熟技术,同时要加强系统的可靠性和可维护性设计。

探测载荷由光学系统、可见光相机和信息处理机组成。光学系统用于对既定目标聚焦成像,将景物成像到成像器件的感光面上。可见光相机由成像器件、驱动电路和接口电路组成,成像器件将光信号转换为电信号,经驱动电路输出数字图像。通过电源接口给可见光相机提供电源,通过图像接口获得图像和发送相机控制命令。信息处理机完成与上位机的通信、发送图像数据、转化二次电源以及给相机供电、发送图像控制命令、采集图像、处理图像等功能。

　　天基碎片探测载荷一般具备如下功能:空间碎片探测及深空背景成像的功能;在轨探测成像参数调整功能;数据在轨预处理及目标检测定位功能(输出天球坐标位置);自主温控功能;在轨标定功能。

4.3.1　光学系统设计

　　在光学系统具体设计时,首先要考虑光学系统的选型,这是光学系统设计关键的一步,主要根据各种光学系统类型的光学性能、具体技术条件以及光学加工工艺等情况综合考虑确定。为了综合提升空间碎片监视的精度、范围和灵敏度,需要光学系统同时具备较高的相对口径、视场和通光口径。光学系统形式包含透射式、反射式、折反射式几种,通常需要根据具体任务需求,在口径、相对口径、视场之间做一定的折中考虑。

1.透射式光学系统

　　透射式光学系统全部采用透镜,即无反射镜。由于可调整变量多,比较容易实现大相对口径、宽视场等要求。因此,中等探测能力、大视场广域(如$20°\times20°$)探测载荷通常考虑选择透射式光学系统。

　　虽然透射式光学系统易于加工、装调,且制造费用低,但透过率低,一般在$0.6\sim0.7$。另外,系统口径越大,视场角越大,组成系统的镜片数量越多,系统的体积、质量也会成非线性增加。

　　NASA 的凌星系外行星巡天卫星(Transiting Exoplanet Survey Satellite, TESS)系统如图 4.12 所示,其搭载 4 台相机,4 台相机视场角均为$24°\times24°$,组合成$24°\times96°$视场。单台相机口径为 105 mm,采用透射式光学系统,探测器选用$2K\times2K$的 15 μm 探测器,2×2拼接,单相机整体尺寸为$\phi170$ mm$\times211$ mm,单相机质量为 9.3 kg。TESS 单台相机的光学系统(图 4.13)包含 7 片透镜和两个非球面。

图 4.12　TESS 系统

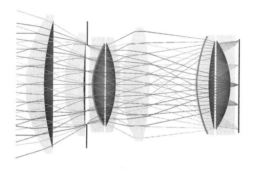

图 4.13　TESS 单台相机的光学系统

2. 反射式光学系统

反射式光学系统参与成像的光学表面全部为反射面。其优点在于光谱范围宽,镜面反射率比透镜高得多。且镜筒长与焦距的比值较小,结构紧凑,便于探测器组件的调整安装。但这类系统只能消除一两类像差,视场不能做得太大,适用于较小视场、大口径高灵敏度光学系统设计。同时,由于往往需要采用非球面技术,因此光学系统加工难度大,装调相对困难。

1979 年,国际光学工程学会(International Society for Optical Engineering,SPIE)报道了一种采用离轴三反结构的天基望远镜,其入瞳直径为 0.385 m,视场角为 $10°×0.5°$,F 数为 3.0,采用如图 4.14 所示的离轴三反结构的望远镜光学系统。2012 年,美国 NASA 空间飞行中心提出了宽视场红外巡天望远镜(Wide Field Infrared Survey Telescope,WFIRST),读作"W－first"天基望远镜,如图 4.15 所示,其采用同轴三反＋施密特校正板的光学结构,入瞳直径为 0.8 m,视场角为 $2.5°×2.5°$,F 数为 1.4。

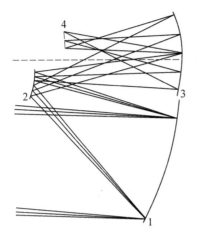

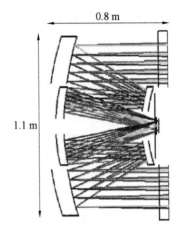

图 4.14　SPIE 报道的离轴三反结构的望远镜　　　图 4.15　WFIRST 望远镜光学系统

3. 折反射式光学系统

纯反射式系统可消除球差,但一般情况下轴外像差大,难以在大视场内获得良好的像质,而且非球面镜不容易加工,检验也麻烦,制造成本高,所以可采取折中的方法,采用折反混合式的光学系统,又称为折反射式光学系统。对于口径为米级、视场为几度的大口径大视场光学系统,由于大口径的光学透镜对材料要求高,可采用折反射式光学形式,如图 4.16 和图 4.17 所示。

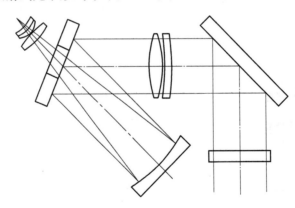

图 4.16　某单反射面的折反混合式光学系统

折反射式光学系统在反射前后各放置一个无光焦度像差校正透镜组,通过两组校正透镜实现全视场、全谱段范围的像差校正。虽然其光学结构较透射式简单,但中心遮拦会损失光通量,降低中、低频衍射的调制传递函数,反射面精加工也比透射式要求高。

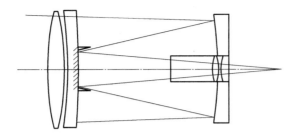

图 4.17　某双反射面的折反混合式光学系统

4.3.2　探测器设计

1. 常用探测器类型与应用

针对空间碎片探测的特点,探测器选择的主要原则是:

① 像元尺寸合适,与光学系统主要参数匹配;

② 数据率、灵敏度等参数满足要求;

③ 噪声低;

④ 动态范围较大等。

对探测器性能的具体要求如图 4.18 所示。

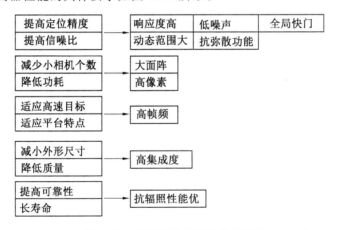

图 4.18　对探测器性能的具体要求

目前,图像传感器大致可分为两大类:CCD 和互补金属氧化物半导体器件 (Complementary Metal Oxide Semiconductor,CMOS)。CCD 和 CMOS 原理框图对比如图 4.19 所示,它们最主要的区别在于:CCD 是采用同一个输出节点将所有像素的电荷依次转换为电压后输出;而 CMOS 则是每一个像素都有一个电荷转电压的节点,最后每一列像素采用一个模数转换器(Analog-to-Digital Converter,ADC)转换为数字信号。可简单归纳为:CCD串行模拟信号输出,CMOS并行数字信号输出。

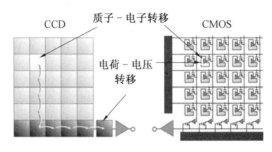

图 4.19　CCD 和 CMOS 原理框图对比

CCD 探测器在国外天基空间碎片监视系统中应用广泛,如"近地物体监视卫星"(NEOSSat)、"蓝宝石"卫星(Sapphire)、"天基空间监视系统"项目(SBSS)、天基可见光遥感器(SBV) 等,如图 4.20 所示。其中,SBV 相机的焦面由 1×4 列林肯实验室焊接的低噪声帧转移可见光 CCD 芯片组成,每片 CCD 有 420×422 像元成像区和 420×422 像元存储区,4 片 CCD 总视场为 1.4°×6.6°,单像元视场为 60 微弧,具体参数见表 4.1,该 CCD 专为空间碎片监视开发。

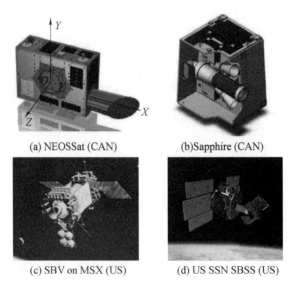

(a) NEOSSat (CAN)　　　(b)Sapphire (CAN)

(c) SBV on MSX (US)　　　(d) US SSN SBSS (US)

图 4.20　国外应用 CCD 的典型空间碎片探测系统

表 4.1　SBV 的 CCD 探测器参数

单片 CCD	420×422
像元尺寸	$27~\mu m$
每帧集的帧数	$4 \sim 16$ f(frame,帧)
势阱深度	$> 1 \times 10^5$ e$-$,> 1.1 V 输出
电荷转移效率	$> 0.999~99$
量子效率	27%
时钟率	0.5 MHz
读取时间	372 ms
暗电流噪声	18 e$- \cdot$ pixel$^{-1} \cdot$ s^{-1}(-40 ℃)
输出放大器增益	$11~\mu$V/e$-$
输出放大器噪声	< 6e$-$ rms(-40 ℃)

　　CCD 与 CMOS 的不同原理导致了两种图像传感器的性能差异。近年来 CMOS 的发展势头非常迅猛,很多性能指标与 CCD 的差距在逐步缩小,有的性能指标甚至已经达到了 CCD 的水平,如量子效率(可见光波段)、读出噪声、暗电流噪声等。随着 CMOS 器件性能的进一步提高,未来在很多领域 CMOS 将会逐步取代 CCD。

　　下面选择两种目前较高水平的 CCD 和 CMOS 图像传感器对其几种关键指标进行对比,这两种器件的外形分别如图 4.21 和图 4.22 所示,其性能指标对比见表 4.2。

图 4.21　E2V 公司 CCD290－99 型 CCD 图像传感器

图 4.22　BUC1920 型 CMOS 图像传感器

表 4.2　CCD290－99 和 BUC1920 性能指标对比

项目	CCD290－99	BUC1920
像元尺寸 /μm	10	16
分辨率	9 216×9 232	1 920×4 608
读出噪声	4e－(0.5 MHz)	2.3e－(ERS,2 Mpixel/s)
暗电流噪声	4.5e－•pixel^{-1}•s^{-1}(－25 ℃)	0.15e－•pixel^{-1}•s^{-1}(－25 ℃)
峰值量子效率 /%	90	90
最大帧频 /(f•s^{-1})	1.5	1.8
满阱容量 /ke－	90	19
非线性度 /%	0.5	3
动态范围	＞85dB(0.5Mpixel/s)	＞76dB(2Mpixel/s)
快门方式	需外加机械快门	电子全局快门
抗光晕功能	具备	具备
填充因子 /%	100	100

可以看出,在很多关键指标上 CMOS 已经与 CCD 相当,甚至还要更出色,但在满阱容量、非线性度等方面还是稍逊一筹。另外 CMOS 的这些指标都是在不同器件上通过不同的优化目标实现的,要在同一款芯片上实现所有性能指标均与 CCD 相当,目前的 CMOS 工艺还达不到。但是,CMOS 工艺的实现相对 CCD 来说简单得多,系统体积、功耗、复杂度都大大降低,这对空间长寿命系统的高可靠性极为重要。

表 4.3 列出了几种主流大面阵 CMOS 器件的基本参数。

表 4.3　几款大面阵 CMOS 图像传感器性能参数对比

指标项	BUC1920	Andanta CMOS4040	CMOSIS CMV50000	晨芯 Gmax3005	sCMOS
分辨率	4 608×1 920	4 096×4 096	7 920×6 004	30 000×5 000	4 128×4 104
像元尺寸 /μm	16	9	4.6	5.5	12
量子效率 /%	95	65	60	70	60
读出噪声 /e−	5	15	8.5	20	2
暗电流噪声 (e−·pixel^{-1}·s^{-1})	0.15	30	125	10	0.02
满阱容量 /ke−	90	40	14	23	100
动态范围 dB	76	80	64	75.4	90
帧频 /(f·s^{-1})	1.8	24	30	10	9
快门类型	ERS,GS	ERS	GS	ERS,GS	ERS,GS
是否抗光晕	是		是	是	是

2.南大西洋异常区对探测器的影响

由于地磁场的中心轴线与地球自转轴线并不平行(偏移 11°),因此地磁场中心与地球的地理中心偏离超过 500 km,在地球的一侧内部辐射带距地表高度在 1 200 ～ 1 300 km,而在另一侧下降到 200 ～ 800 km。其结果就是在南大西洋距离巴西海岸线 200 ～ 300 km 处形成一个磁场强度低而辐射强度极高的区域,称为南大西洋异常(South Atlantic Anomaly,SAA)区。

SAA 区的中心约位于西经 45° 南纬 30°,异常区的整体尺度延伸到很大的范围,并且 SAA 区的边界是随高度而变化的。SAA 区的地磁场显著下降并接近地球表面,捕获的质子带的高度也相应下降,与低轨道航天器的轨道相交,质子通量随高度增加。

高能粒子入射感光像元阵列后,产生大量的电子－空穴等次级粒子被像元势阱收集后输出,次级粒子的数量非常大,导致粒子入射到的像元饱和甚至溢出,使得周围的像元均发生饱和,形成图像中的亮点。这种由次级电子－空穴诱发的亮像元是瞬态的,即在粒子入射瞬间发生。在读出结束后,像素感光二极管被复位,这部分电子被排入电源势阱中,因此不会干扰感光像素阵列的正常功能操作,不会对器件造成永久性损伤。

另外,高能粒子入射除了产生电离效应,形成大量电子－空穴对,还会产生位移效应,使得大量晶格原子发生位移。高能粒子会产生缺陷簇,在某个像元内

沉积大量的位移能量,晶格周期性遭到破坏,能带结构发生变化,从而导致该像元内的导带电子大量增大,形成亮像元。该种亮像元即为热像素,为高能粒子入射带来的永久性破坏,形成热像素后,在采图过程中该像元的亮度一直保持一个较高值。

3. 探测器芯片驱动电路

以 CCD 探测器为例,介绍探测器驱动电路设计情况。某探测器驱动部分拟采用如图 4.23 所示的结构形式,驱动电路系统主要由 CCD 芯片、系统控制器、CCD 直流偏置电路、时序产生电路、时序信号驱动电路、前端信号处理电路、图像缓冲及输出接口和电源模块构成。

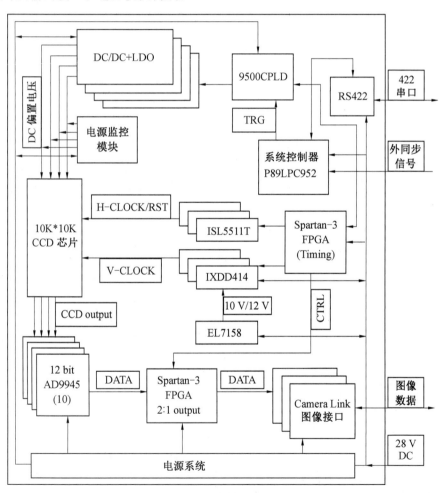

图 4.23　驱动电路系统构成

（1）直流偏置电路及驱动时钟幅值电平产生电路。

CCD 所需的直流电压值很多，主要分为两类：CCD 直流偏置电压和 CCD 所需驱动时钟的高低电平电压。直流电压均为模拟电压，易受干扰。为保证电压质量，设计直流电路每种偏置电压都采用 DC/DC 开关电源和低压差线性稳压器（Low Dropout Regulator，LDR）的结构。为了降低噪声，LDR 尽量靠近 CCD 芯片端，并在电压输出端串入磁珠、CCD 管脚附近加入去耦电容。在印刷电路板（Printed Circuit Board，PCB）布局布线时，注意电源与数字信号的隔离，防止干扰。

另外，由于该 CCD 对直流偏置电压的开启和关闭都有严格的顺序要求，采用复杂可编程逻辑器件（Complex Programmable Logic Device，CPLD）对这些电压进行开闭控制，以保证开启和关闭的顺序正确。为了防止偏置电压意外断电，系统中使用了一片单片机对这些电压进行监控，并在各个电压之间加入二极管保护电路以最大限度地降低风险。

（2）系统控制器。

系统控制器的主要功能有加电时对系统各电路模块进行初始化、与上位机进行通信、接收上位机命令、产生拍摄信号、配置系统参数以及接收系统状态并反馈给上位机等。由于系统的控制行为较为简单，因此系统控制器由单片机来实现。

（3）时序发生电路。

CCD 进行工作所需的时序较为复杂，主要包括曝光时序、垂直转移时序和水平转移时序。为了提高开发效率，时序发生电路使用现场可编程门阵列（Field Programmable Gate Array，FPGA）实现，可方便编程、调试及修改。此外，FPGA 还要产生 AD 转换器所需的采样信号及输出所需的行、场信号。设计的关键是要保证各个信号之间按照要求进行相位匹配，使器件能工作在最佳状态。

（4）时序信号驱动电路。

时序信号驱动电路的主要功能是将 FPGA 产生的晶体管－晶体管逻辑（Transistor－Transistor Logic，TTL）电平时序信号放大到 CCD 工作所需要的电压幅值，主要包括垂直驱动电路和水平驱动电路。根据 CCD 驱动信号的需求，选用 Ixys 公司的 IXDD414 高速 MOS 驱动芯片作为垂直驱动器；而水平驱动器则采用 Intersil 公司的 ISL55110 驱动芯片。驱动电路的主要结构如图 4.24 所示，其中电阻和电容用于调节驱动波形的上升和下降时间，并减少信号过冲和反射。

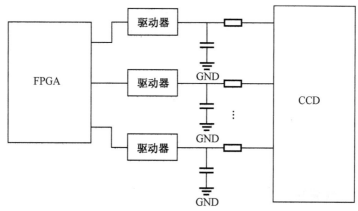

图 4.24　驱动电路示意图

（5）前端信号处理电路。

CCD 输出的信号为模拟信号,易受噪声干扰,因此前端信号处理电路的设计尤为重要。前端信号处理电路包括输出放大器、相关双采样电路、A/D 转换电路。其主要作用是对模拟信号进行优化、降低噪声和 A/D 转换。根据 CCD 信号输出的动态范围,本探测器采用 12 位 A/D 进行量化。为降低系统的复杂度,A/D 转换集成了相关双采样、暗电平箝位等功能。

前端信号处理电路如图 4.25 所示。

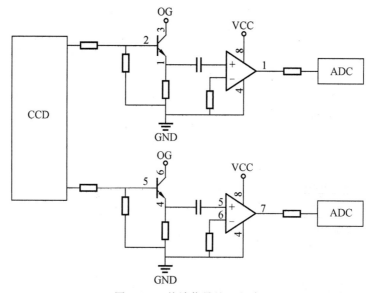

图 4.25　前端信号处理电路

（6）图像缓冲及输出。

由于采用多路 12 位数据输出,占用信号数量较多,因此在图像输出时使用 FPGA 进行数据缓冲,将多路 12 位合并成少路输出,可大幅减少所需信号线的数量。输出接口使用 3 片 Base 配置的 Camera Link 芯片输出。

（7）电源模块。

电源模块为系统的各个元器件进行供电,是较为关键的部分。电源模块在设计时进行了数字和模拟电源的隔离设计,并加强了去耦、滤波,优化布局布线以减少电源噪声,为各个元器件提供干净的供电输出。

4.3.3　轻量化载荷结构设计

面向轻量化要求的载荷结构设计,主要从镜头材料选择、镜头结构形式设计、支撑结构设计、连接桁架结构设计等角度开展工作。

1. 镜头材料选择

基于对空间恶劣环境的考虑,轻量化镜头材料应具备以下特点:比刚度大、热膨胀系数小、尺寸稳定性好、抗辐照性好、易进行光学加工、易镀膜、热性能及力学性能具有各向同性、成本尽可能低等。

制造空间光学镜头坯常用的轻质材料有铍（Be）、微晶玻璃（如 Zerodur）、熔石英（如超低膨状系数石英玻璃（ULE））及碳化硅（SiC）等,表 4.4 归纳了几种典型空间反射镜常用材料的性能参数。

表 4.4　空间反射镜常用材料的性能参数

参数	Be	Zerodur	ULE	CVD SiC	RB SiC
密度 $/(g \cdot cm^{-3})$	1.85	2.53	2.21	3.21	3.1
弹性模量 /GPa	303	92	73	466	391
比刚度 $/(kN \cdot mg^{-1})$（刚度／密度）	164	36	33	145	126
热传导率 $/(W \cdot m^{-1} \cdot K^{-1})$	216	1.46	1.4	300	$120 \sim 170$
热膨胀系数 $(10^{-6}/K)$	11.4	0.05	0.03	2.2	2.5
热变形系数 $(10^{-8} m/K)$（热膨胀系数／热导率）	5.3	3.4	2.1	0.7	$1.5 \sim 2.1$
表面粗糙度 /nm	< 1	< 0.3	< 0.3	< 0.3	> 2

其中,SiC 材料以其优异的物理性能和良好的工艺性能,正逐渐成为最具发展前途的新型轻量化反射镜材料,具体表现在:

①SiC 的比刚度大,单位载荷引起结构的变形小,相比玻璃材料可以降低反射镜的厚度,从而达到更高减重比的目的。

②SiC 具有良好的热传导性能,当环境温度变化时,SiC 材料内部很容易达到温度平衡,不会引起较大的热应力。

③SiC 的热变形系数较小,抗热震性很好,可使主镜在较大的温度范围内具有很好的热稳定性,而且可以降低主镜对温控系统的要求,减少温控系统的功耗和设计难度。

④SiC 还具有十分优异的制备性能。与以前的镜坯材料相比,SiC 制造工艺相对简单,能够实现形状相当复杂的镜坯成型,不但可以实现镜坯轻量化,而且大大减少了加工工作量。

综合考虑以上材料的性能,SiC 是空间光学系统中制备轻量化主镜的优选材料。其在我国许多航天项目中已有成功应用,在国内即可制备。

2. 镜体结构形式设计

镜体结构形式设计主要分为镜体结构形状、宏观结构和轻量化方式三个方面。

(1) 镜体结构形状。

以 SiC 反射镜为例,按其形状可以分为平背形、锥形、同心弯月形、弯月形、单拱形、双拱形和凹背形等不同形式,如图 4.26 所示。

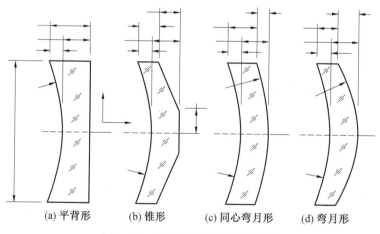

(a) 平背形　　(b) 锥形　　(c) 同心弯月形　　(d) 弯月形

图 4.26　SiC 反射镜结构形状类型

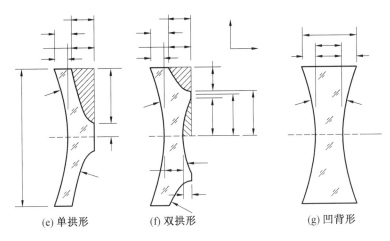

(e) 单拱形　　　(f) 双拱形　　　(g) 凹背形

续图 4.26

Youder 对上述不同结构形式的反射镜质量、体积及减重比进行了比较,结果见表 4.5,为镜头结构形状的选择提供了参考。

表 4.5　各种实心主镜质量、体积及减重比比较

结构形状	体积 /m³	质量 /kg	相对质量 /%
平背形	835.2	66.6	100
锥形	456.0	36.3	55
同心弯月形	766.3	61.1	92
弯月形	460.3	36.7	55
单拱形	257.4	20.5	31
双拱形	389.2	31.0	47

(2) 宏观结构。

就宏观结构而言,镜体一般由两部分组成,即镜面和基体。镜面的形状和尺寸由光学系统设计确定,基体则由光机结构设计人员来完成。在基体上制作轻量化孔结构的形式大致有三种:背部开放型、背部封闭型和双开放的封闭型,图 4.27 所示为前两种形式。

背部开放型反射镜的工艺性最好,轻量化孔既可以与基体一次成型,也可以在基体成型后采用机械加工的成型办法,但其结构比刚度较差。背部封闭型反射镜一般采用一次成型的方式成型,也可以在实心基体成型后通过切削加工形成轻量化结构,其轻量化孔的大小和形状受刀具等加工设备的限制较大。

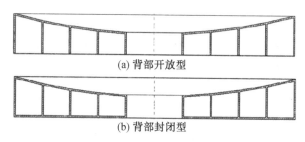

(a) 背部开放型

(b) 背部封闭型

图 4.27　反射镜轻量化结构形式

（3）轻量化方式。

从轻量化形式讲，蜂窝结构的镜体比相同尺寸的实体镜体更合理。因为轻量化镜体是把在中性面上对镜体的抗弯刚度贡献很小的那部分材料从实体镜体中去掉，这样虽然减少了对抗弯刚度有贡献的材料，镜体的抗弯刚度略有下降，但镜体本身的质量却大大减少了，镜体的结构比刚度明显增加。轻量化孔的形状主要有三角形、四边形、六边形、圆形和扇形，如图 4.28 所示。

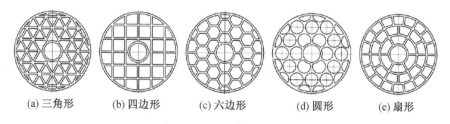

(a) 三角形　　　(b) 四边形　　　(c) 六边形　　　(d) 圆形　　　(e) 扇形

图 4.28　反射镜背部轻量化孔结构形式

综合来说，背部开放型反射镜的工艺性最好，轻量化孔既可以与基体一次成型，也可以在基体成型后采用机械加工的办法成型；三角形轻量化孔的综合条件较为合理，且具有较好的各向同性。

3. 镜体支撑设计

一般情况下，尺寸较大的镜面可采用柔性支撑结构进行背部支撑，尺寸较小的镜面可采用 3 组侧面柔性支撑结构。柔性支撑材料的选取，应能够减小材料热膨胀系数不匹配带来的影响，以用来消除温度变化时镜体与背板之间的不一致变形。图 4.29 所示为某反射镜支撑结构示意图，该支撑结构选择了热膨胀系数较低、与 SiC 热性能接近的 SiC/Al，既提高了刚度，又减小了质量。

4.3.4　信息处理系统设计

对于在大量恒星背景中提取微弱运动目标的问题，可利用海量高速数据处

图 4.29　某反射镜支撑结构示意图

理平台,通过恒星背景抑制和弱小碎片增强的方法提高目标的信噪比,并采用基于时间和空间的多特征目标识别算法实现目标快速、准确的检测和识别。

1. 信息处理系统组成及功能

信息处理系统由数据通信管理、系统控制管理、系统标定、图像预处理、目标检测、目标定位和图像压缩等模块构成,系统功能模块如图 4.30 所示。

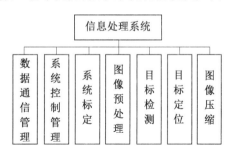

图 4.30　信息处理系统功能模块

系统通过数据通信管理模块,采集工作参数、控制信号和维护数据。工作参数包括系统参数和平台运动参数等;控制信号包括工作方式、启停信号、诊断信号等;维护数据包括程序更新、调试数据等。系统控制管理不仅负责信息处理系统的数据采集、工作控制、参数选择、状态监视、数据分析和系统更新等,而且还对杂光抑制、成像和相机等分系统的控制和状态数据进行采集。通过多通道并行图像采集获取大面阵相机的图像,对图像进行噪声抑制、多相机的增益均衡和平场校正,然后通过 FGPA 实现高速图像处理,进行目标检测和识别。通过对恒星进行提取,采用目标定位提高目标的定向精度。系统标定是对相机的内参数和外参数进行标定,并对成像畸变、多成像单元响应的不一致性进行标定。图像压缩是根据图像质量和传输带宽的需求,对图像进行压缩和传输。信息处理系统信息流图如图 4.31 所示。

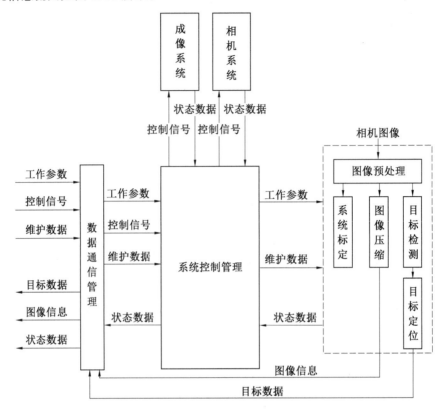

图 4.31　信息处理系统信息流图

2.信息处理系统硬件平台

信息处理系统采用图像处理板＋中央处理板来完成各相机的目标提取任务。图像处理板通过相机的图像采集模块接收图像,各块图像处理板对相应图像区域进行图像处理后,发送给中央处理板进行集中处理。信息处理系统硬件架构如图 4.32 所示。

图像处理板采用 FPGA 与数字信号处理器(Digital Signal Processor,DSP)作为板上的主要芯片,实现对图像区域的处理,包括图像预处理、目标检测、图像压缩、数据传输等功能。

图像处理板采用 1 块 smartfusion2 FPGA 对区域图像进行图像处理、目标识别后,结果将由低电压差动信号(Low Voltage Differential Signal,LVDS)接口发送至中央处理板。同时板上具备地面调试时使用的实时图像输出接口,可以

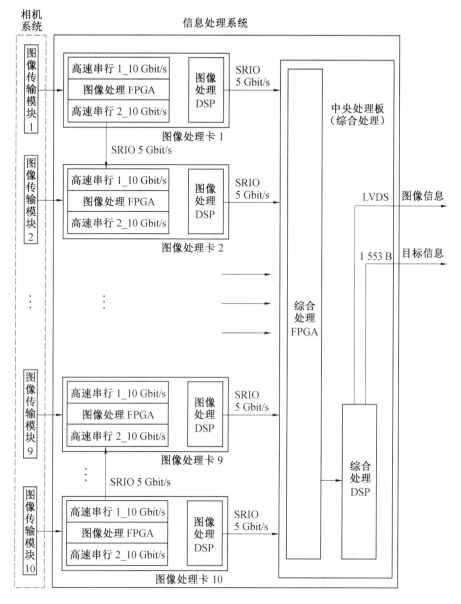

图 4.32　信息处理系统硬件架构

将图像与目标识别信息送出并显示。左侧串行高速输入输出(Serial Rapid IO,
SRIO)通道为进行图像多帧处理预留的数据通道。

　　RapidIO 技术最初是由 Freescale 和 Mercury 共同研发的一项互联技术,其
研发初衷是作为一种符合最流行的集成通信处理器、主处理器和网络数字信号
处理器需求的高性能分组交换技术,致力于为追求高性能的嵌入式互联系统内

部提供高可靠、大带宽的高速数据总线。机箱内部主要数据通道(2.5 Gbit/s×4 lane)与实时图像显示通道(5 Gbit/s×4 lane)均采用 SRIO 技术,有利于减少数据传输的消耗时间。

四倍数据速率(Double — Data — Rate three,DDR3)是在双倍数据速率(Double—Data—Rate,DDR)技术的基础上发展而来,相对 DDR 进行了一些改进。虽然联合电子设备工程委员会(Joint Electron Device Engineering Council, JEDEC)尚未完全确立 DDR3 的标准,但其已经基本成型。总体而言,DDR3 有着更低的功耗,电压降至 1.5 V(DDR 为 1.8 V),并且采用更先进的制程(DDR 为 90 nm 制程,而 DDR3 采用70 nm 制程)。板卡内部数据暂存、处理通道大部分为 DDR3(333 MHz, 32 bit) 存储结构,能够有效地提升处理速率,对系统性能有较大提升。

中央处理板采用 LVDS 接口接收图像处理板及块图像处理备份板的处理结果。数据可以直接传输到板上 FPGA,或通过串联备份卡插座传到以载板形式存在的中央处理备份卡上。经过板上 DSP 处理后的结果通过 1553B 接口输出。同时板卡具备 LVDS图像输出和遥测信息接口。板上智能管理模块可根据12块图像处理板以及主、备中央处理板的信息判断其是否正常工作,从而控制其电源是否导通,达到故障在线诊断、冗余卡在线更换的目的。

为提高系统的可靠性,采用了冗余设计,即备份 2 块图像处理板和一块中央处理板。

图像处理板的冗余设计是通过冗余 2 块卡实现 10 块实时在线处理板任意损坏 2 块的动态备份。图像采集模块通过 SRIO 同时输出 3 路图像到 3 块图像处理板,由中央处理板动态管理每块图像处理板是否处理,以及所处理的图像区域;并采用智能电源管理模块停止有故障的图像处理板,启动备份的图像处理板。

中央处理板的冗余设计采用 1 备 1 的方式实现。主卡和备卡的对内、对外接口通过载板并联在一起,并通过智能电源管理模块开关控制主卡和备卡的电源开关来实现板卡的切换。

第 5 章

空间碎片在轨检测与定位技术

5.1 空间碎片的高精度定位

目标光斑的定位误差主要由系统误差和随机误差构成,因此,要提高光斑的定位精度,必须从减小这两个方面的误差着手。系统误差主要由成像器件光电转换的非线性、定位算法的有偏性、光点图像的欠采样等因素造成,可以通过后续处理算法的补偿来消除。

由于在天基成像环境中的成像主体是亮度很低的星空背景,宇宙背景中的光子噪声成为星空图像中很重要的噪声来源。同时,由于成像设备的原因以及在空间碎片图像的获取、传输和存贮的过程中总是不可避免地受到各种噪声源的干扰,观测到的往往都是受到不可预知的噪声污染后的图像。这些噪声的存在使得所观测到的图像模糊不清,一些重要的细节被噪声掩盖,使得需要识别的目标变得不可识别,降低了图像的清晰度和信噪比,严重影响了图像的应用效果,给图像的后续处理带来很大的困难。因此有必要对图像进行降噪处理,从图像中获取更准确的信息,提高图像的质量便于后续更高层次的处理。由于在图像的获取、传输和存贮的过程中总是受到不同噪声的干扰,因此有必要对图像噪声的类型、各种噪声的特性以及天基图像特性进行深入的研究和分析。

5.1.1 图像噪声特点

1.图像噪声的模型

图像噪声的分类有很多,按噪声和信号之间的关系可分为加性噪声和乘性噪声。假定信号为 $S(t)$,噪声为 $n(t)$,如果混合叠加波形是 $S(t)+n(t)$ 形式,则称此类噪声为加性噪声;如果混合叠加波形是 $S(t)[1+n(t)]$ 形式,则称此类噪声为乘性噪声。前者如放大噪声等,每一个像素的噪声不管输入信号大小,总是分别加到信号上;后者如光量子噪声、胶片颗粒噪声等。由于载送每一个像素信息的载体的变化而产生的噪声受信息本身调制,在某些情况下,如果信号变化很小,噪声不大,为了分析处理方便,常常将乘性噪声近似认为是加性噪声,而且总是假定信号和噪声互相统计独立。另外,还可以通过对乘性噪声进行对数运算从而将其转化为加性噪声。通常在空间碎片图像拍摄所使用的 CCD 相机中主要有四种噪声:暗电流噪声、读出噪声、光子噪声和随机噪声。

(1) 暗电流噪声。

暗电流噪声是一种在传感器中由于电子的热运动积累而产生的噪声,在图片中以颗粒的形式存在。暗电流噪声产生于 CCD 中硅层热电子的统计变化,暗电流描述的是在给定的 CCD 温度下热电子产生的速率。暗电流噪声像光子噪声一样表现为泊松分布,它是在曝光时间内所产生的热电子的均方根,如下式所示:

$$N_d = \sqrt{I_d t_{int}} \tag{5.1}$$

式中 N_d —— 暗电流噪声;

   I_d —— 暗电流;

   t_{int} —— 积分时间。

暗电流主要存在于 CCD 中硅氧化物与延伸的硅层之间的接合部分。天文 CCD 相机一般工作在制冷状态下以减小暗电流噪声,制冷的方法主要有:热电冷却器、液氮(LN_2)或低温学制冷。为进一步减小暗电流噪声,许多 CCD 工作在一种称为多针相模式(Multi Pinned Phase,MPP)的模式下。MPP 设备在制作工艺上充分考虑了如何抑制热电荷的产生,使暗电流噪声明显减小。实际上,温度对暗电流噪声的影响最明显,实验表明:当 CCD 的工作温度降低到一定程度时,一定曝光时间内 CCD 的暗电流噪声可以忽略。

（2）读出噪声。

在 CCD 相机系统中，读出电路也将引入电子噪声；同时，在 CCD 测量信号中也将引入不确定性，所有的这些噪声成分构成读出噪声，它代表量化过程中引入的误差。主要的读出噪声来源于片上的预放大器。图像系统中的伪电荷在全面的读出噪声中也占很大的分量。在天文 CCD 相机系统中，一般通过电路上良好的设计来减小读出噪声。例如，为了减小 CCD 预放大器噪声，采用高分辨照相平板术中的最新技术来减小预放大器的尺寸，直接减小了它的电容，以使其更加灵敏。另外，应用双斜率积分器或相关的双采样方法可滤除读出噪声中的特定成分，如电容器上的热噪声和闪烁噪声。

（3）光子噪声（泊松噪声）。

光子噪声是由光到达传感器的时间不同而引起的。光子在 CCD 的硅层中转换为光电子，在这些光电子组成的信号中含有光子到达比率统计意义上的变化量，该变化量就是光子噪声。光子噪声也被认为是光子发射噪声，是由内在的光子能量的变化所引起的。由于 CCD 的像元所收集的光电子表现为泊松分布，信号与噪声之间为均方根的关系，因此在天文 CCD 相机曝光时，被测量的目标在 CCD 焦面上产生信号的同时将引入光子噪声。光子噪声强度与信号强度之间满足

$$N_p = \sqrt{S}$$

式中　　N_p—— 光子噪声强度；

　　　　S—— 信号强度。

（4）随机噪声。

随机噪声源于摄像机电路中由电磁干扰导致的电压或者电流的错误波动，以及某些未知原因。随机噪声随着图像的不同而改变，是多种影响的结果。不管哪种形式，在现代数字式照相机中随机噪声几乎总是无穷小的，随机噪声将不会在 8 bit 的图像中被发现。它或许仅仅能在 16 bit 的图像中被测量，但在传统的照片中很难看见。

通过查阅资料可知，拍摄空间碎片图像所用的科学级的 CCD 探测器含有的四种噪声总是以加性的泊松分布或高斯分布形式存在。经常使用的 CCD 探测器中的噪声主要由泊松噪声组成，并且混合高斯读出噪声。

这些噪声以及成像相关的光电子噪声、零信号输出噪声和热电子的噪声信

号统称为泊松分布的背景信号。在 CCD 探测器输出图像时，读出噪声（由于电子线路中电荷转移、信号放大、模数变换等环节产生）的存在进一步降低了像质，其中读出噪声为高斯随机分布。通常使用简化的高斯模型来刻画图像的噪声模型。

假设图像中的噪声为加性噪声，则图像可以表示为

$$y = x + n$$

式中　　y—— 被噪声污染的图像；

　　　　x—— 没有噪声污染的图像；

　　　　n—— 图像中的噪声。

简化的高斯噪声模型的表达式为

$$p(y) = \frac{1}{\sqrt{2\pi}\sigma} e^{-\frac{(y-\mu)^2}{2\sigma^2}}$$

式中　　y—— 图像的灰度值；

　　　　μ—— y 的平均值或期望值；

　　　　σ—— y 的标准差；

　　　　σ^2—— y 的方差。

一般来说，图像的噪声都服从 0 均值高斯模型，即

$$p(y) = \frac{1}{\sqrt{2\pi}\sigma} e^{-\frac{y^2}{2\sigma^2}}$$

2. 空间成像图像特性

空间成像图像主要由目标、背景和噪声组成。与观测图像不同的是，成像图像中的目标物体占有的像素数较多，一些结构信息在图像中将会有所体现。本系统所关注的空间碎片主要是一些人造卫星。对于人造卫星而言，其结构信息比较明确，大部分卫星都由卫星实体和太阳帆板组成，并且太阳帆板通常都是长方形的。成像图像的背景也比较单一，主要分为三种情况：单纯星空背景、单纯地球背景和星空地球混合背景。噪声在图片中主要体现为高斯噪声。

对天基星空背景图像进行降噪处理的目的有两个：一是提高图像的质量；二是为其他后续功能模块的处理打下一个良好的基础。根据这两个目的，降噪处理应该在降低图像中噪声的同时，对图像的边缘有较好的保持。因此，作为图像预处理系统的一个功能，如何提高处理速度、在很短的时间内完成降噪处理，以及如何在降低噪声的同时尽量保持图像的细节信息，为后续处理打好基础，是图

像降噪过程中的一个难点。

5.1.2　图像去噪算法

1. 线性平滑滤波器 —— 均值滤波

线性平滑空间滤波器是通过计算包含在滤波模板邻域内像素的简单平均值进行滤波的,因此,这种滤波器也称为均值滤波器,它均等地对待邻域中的每一个像素。设原始图像为 $f(x,y)$,以图像中每一个像素为中心分别取一个邻域 S,计算 S 中所有像素灰度的加权平均值,作为空间域平滑处理后图像的像素值,即

$$g(x,y) = \frac{1}{M} \sum_{(x,y) \in S} f(x,y) \tag{5.2}$$

式中　　M—— 邻域 S 中的像素点数。

可以取 4 邻域或 8 邻域。这种方法简单,计算速度快,从平滑结果可以看出,它是以牺牲图像清晰度来降噪的,而且邻域的面积越大,噪声减小越明显,同时图像的模糊程度也越大,特别是在边缘和细节处,这是均值滤波存在的负面效应。

2. 非线性平滑滤波 —— 中值滤波

上述低通滤波器在消除噪声的同时会将图像中的一些细节模糊掉。如果既要消除噪声,又要保持图像的细节可以使用中值(Median)滤波器。中值滤波是一种典型的非线性滤波算法,它计算的不是加权求和,而是把邻域中的像素按照灰度值进行排序,然后选择该组的中间值作为输出像素值。对一个窗口大小为 $N \times N$(N 为奇数) 的中值滤波器,其数学表达式为

$$g(x,y) = \text{Median}\{f(x+l,y+k)\} - (N-1)/2 \leqslant k$$
$$l \leqslant (N-1)/2 \tag{5.3}$$

具体工作步骤如下:

① 将模板在图中漫游,并将模板中心与图中某一个像素位置重合;

② 读取模板中各对应像素的灰度值;

③ 将这些灰度值从小到大排成一列;

④ 找出排在中间的一个值;

⑤ 将这个中间值赋给对应模板中心位置的像素。

由以上的步骤可以看出,中值滤波的主要功能就是让与周围像素灰度值差异较大的像素改取与周围像素接近的灰度值,从而可以消除孤立的噪声点。由

于它不是简单的取均值,所以产生的模糊比较少。中值滤波的一个特性就是某些输入信号能够保持不变。一般来说,小于中值滤波器面积一半的亮(暗)的物体或噪声基本会被滤掉,而较大物体则会原封不动地保留下来,它在去除随机噪声的同时不会使成像物体的边缘模糊掉,因此在平滑图像中经常被用到。但是对于尺寸接近点源的弱小目标,中值滤波也将其同随机噪声一并滤除,当窗口大小的选择不合适时,则会出现丢弃弱小点目标的现象。

3. 高通滤波

高通滤波是一种最为简单常见的空间域图像滤波方法。其滤波过程的实质可描述为:由每个像素(中心像素)灰度值 $P(x,y)$ 减去其某一局部邻域各像素灰度平均值。如果像素 $P(x,y)$ 不是目标像素,则其值与局部邻域像素(窗口)卷积后的值相近,因此其差极小;如果像素 $P(x,y)$ 为目标像素,则此差值为一较大的值。显然,这样的处理方法有利于从每一个像素中滤除背景噪声平均值,从而使图像的信噪比得以提高。根据所采用的不同类型低频分量估计方法,可以得出不同的高通滤波模板。

根据弱小目标缺乏形状和结构信息,检测弱小目标除了可以利用目标本身的灰度信息外,还可以利用弱小目标周围的灰度分布和它的奇异特征。背景中的细节成分较少,在大部分情况下,背景是大面积缓慢变化的场景,像素之间有很强的相关性,占据着图像空间频域的低频分量,利用背景像素之间的灰度相关性和目标灰度与背景灰度的无关性,可以通过高通滤波器从图像中提取可能的目标点。

高通滤波器在空域中,选择合适的模板与红外图像做卷积。高通滤波器模板中心像素权值最大,信号容易通过。而周围部分权值均为 −1,信号不易通过。这样,对于孤立的噪声点和弱小目标,信号强度高,容易通过;而具有一定面积的背景不易通过,可以较好地实现滤波后图像信噪比的提高。但是高通滤波不能消除红外小目标的图像中大量比较亮的噪声点。小目标的亮度比较小,模板选择不合适仍然会保留大量的亮背景。

5.1.3 定位精度影响机理

在获取星图或显示星图的过程中可能产生图像的失真,为了有效完成高精度的目标定位与识别,并建立所占容量较小的导航星库,从而提高星图识别的实时性,天基光学观测采用的光学系统一般设计为大视场,但大视场光学系统极其容易引起畸变。存在畸变的光学系统对目标成像时,若物面为正方形的网格,则正畸变将使像呈枕形;负畸变将使像呈桶形,如图 5.1 所示。

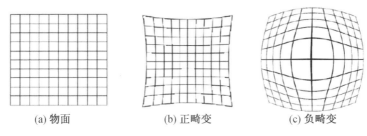

(a) 物面　　　　　　　(b) 正畸变　　　　　　　(c) 负畸变

图 5.1　几何畸变示意图

从图中可以看出,几何畸变是将无失真坐标系中函数变换到另外一个坐标上,例如,将原先在 (u,v) 点上的像素变化到 (x,y),在图像上反映为有些位置被挤压,而另一些位置被扩张。从而希望找到这两个坐标系之间的关系,即

$$(x,y) = T[u,v] \tag{5.4}$$

上式可改为

$$x = \sum_{i=0}^{n} \sum_{j=0}^{n-i} a_{ij} u^i v^j \tag{5.5}$$

$$y = \sum_{i=0}^{n} \sum_{j=0}^{n-i} b_{ij} u^i v^j \tag{5.6}$$

式中　　a_{ij}、b_{ij}——多项式的系数;

　　　　n——多项式的次数。

实际拍摄过程中,当观测相机对某个范围内的目标拍摄成像时,平台的运动使得目标在像平面上的成像出现某个方向的"拖尾",称为目标的像移。如图 5.2 所示,在曝光开始时,恒星与平台光轴的夹角为 θ_1;曝光结束时,恒星与平台光轴的夹角为 θ_2。在曝光过程中,平台光轴转动角度为 θ。则 θ_1、θ_2 与 θ 的关系可以表示为

$$\theta_2 = \theta_1 + \theta \tag{5.7}$$

设相机曝光时间为 t,平台在 t 时间内做角速度为 ω 的匀速圆周运动,则式(5.7)可以表示为

$$\theta_2 = \theta_1 + \omega t \tag{5.8}$$

将 (x_0, y_0) 看作目标在初始曝光时刻的位置,质心提取的结果为 (x_c, y_c)。在理想条件下,(x_0, y_0) 与 (x_c, y_c) 之间的差异较小可忽略不计;但在实际动态因素影响下,目标质心在探测器平面上的滑动不可忽略。在动态条件下,曝光时间

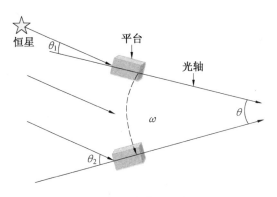

图 5.2　平台像移示意图

间隔内,目标质心在像平面上划过数个像元,假设在该曝光时间间隔内,目标质心在像平面上做匀速直线运动,采用质心(Center of Mass,CoM)法得到质心(x_c, y_c),其可看作在积分时间的中间时刻,目标质心在探测器平面上的位置,如图 5.3 所示。图 5.3(a) 为静态目标质心定位示意图,由于忽略了曝光时间间隔内目标质心的运动,计算结果(x_c, y_c)可以看作目标的质心;图 5.3(b) 为运动拖尾目标质心定位示意图,由于曝光时间间隔内目标在探测器表面存在运动,曝光初始时刻目标质心位于(x_0, y_0),曝光结束时刻目标质心位于(x_c, y_c),而计算得到的质心值(x_c, y_c)可以看作是曝光中心时刻目标质心所处的位置,因此可得

$$\begin{cases} x_c = x\left(\dfrac{1}{2}t_e\right) = x_0 + \dfrac{1}{2}(f\omega_y - y_0\omega_z)t_e + o(t), & 0 \leqslant t \leqslant t_e \\ y_c = y\left(\dfrac{1}{2}t_e\right) = y_0 + \dfrac{1}{2}(-f\omega_x + x_0\omega_z)t_e + o(t), & 0 \leqslant t \leqslant t_e \end{cases} \tag{5.9}$$

式中　f—— 系统焦距;

　　　t_e—— 曝光时间;

　　　ω_x、ω_y、ω_z—— 观测平台三轴角速度。

令 $x_0 = x_c + \Delta x, y_0 = y_c + \Delta y$,则式(5.9)可表示为

$$\begin{cases} \Delta x + \dfrac{1}{2}t_e\omega_z\Delta y = \dfrac{1}{2}t_e f\omega_y - \dfrac{1}{2}t_e y_c\omega_z + o(t) \\ -\dfrac{1}{2}t_e\omega_z\Delta x + \Delta y = -\dfrac{1}{2}t_e f\omega_x - \dfrac{1}{2}t_e x_c\omega_z + o(t) \end{cases} \tag{5.10}$$

由于 $\begin{vmatrix} 1 & \dfrac{1}{2}t_e\omega_z \\ -\dfrac{1}{2}t_e\omega_z & 1 \end{vmatrix} > 0$ 恒成立,因此式(5.10)存在唯一解,即

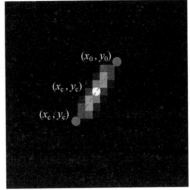

(a) 静态目标　　　　　　　　　(b) 动态目标运动拖尾

图 5.3　动态条件下目标质心运动轨迹示意图

$$\begin{cases} \Delta x = \dfrac{\dfrac{1}{2}t_e f \omega_y - \dfrac{1}{2}t_e y_c \omega_z + \dfrac{1}{4}t_e^2 f \omega_x \omega_z - \dfrac{1}{4}t_e^2 \omega_z^2 x_c}{1+\dfrac{1}{4}t_e^2 \omega_z^2} + o(t) \\[4mm] \Delta y = \dfrac{-\dfrac{1}{2}t_e f \omega_x + \dfrac{1}{2}t_e x_c \omega_z + \dfrac{1}{4}t_e^2 f \omega_y \omega_z - \dfrac{1}{4}t_e^2 \omega_z^2 y_c}{1+\dfrac{1}{4}t_e^2 \omega_z^2} + o(t) \end{cases} \tag{5.11}$$

式(5.11) 即为 CoM 方法得出的质心位置与目标曝光初始时刻的质心位置之间差值的解析表达式,可以得知动态条件下目标质心的拖尾长度与目标质心位置 (x_c, y_c)、系统焦距、相机曝光时间、三轴角速度等因素相关。

由于光学系统不可避免地存在像差,并且图像传感器具有零散性和空间积分性,实际星点会弥散到多个像元。此时恒星发出的光或目标的反射光在相机平面上总是分散在一定的区域内,其分布的情况称为点扩散函数(Point Spread Function,PSF)。此时系统点目标成像的弥散模型为

$$F_{\mathrm{PSF}}(x,y) \otimes G(x,y) = I(x,y) \tag{5.12}$$

式中　　$F_{\mathrm{PSF}}(x,y)$——目标的点扩散函数;

　　　　$G(x,y)$——理想成像条件下目标的灰度分布函数;

　　　　$I(x,y)$——目标经系统所形成图像的能量弥散分布函数;

　　　　$\otimes$——卷积运算符号。

目标在线平面上的弥散模拟仿真如图 5.4 所示。

实际过程中,当目标和观测平台存在相对运动时,目标在图像传感器像平面上所成的星像点不再是符合二维高斯分布的圆形光斑,而会出现"拖尾"现象,如

 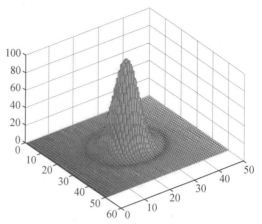

(a) 弥散半径为 4 的仿真目标

 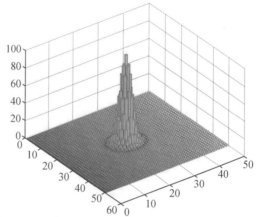

(b) 弥散半径为 2 的仿真目标

图 5.4　目标弥散模拟仿真

图 5.5 所示,即星像点会被拉长,能量被分散,同时敏感到的星等降低,这就造成在积分时间内星像点发生拖影的现象。这会影响星点质心定位精度,甚至定位失败,最终导致星相机无法正常识别恒星、解算姿态。

　　通过上述分析,构建出复杂因素下的弥散星斑 I_t 的质心定位模型为

$$I_t^k = \alpha_k \delta(x_k^t, y_k^t) \otimes h_s + n^t(x, y), \quad k \in S$$

(5.13)

图 5.5　拉线目标实拍图

$$I_t^k = \alpha_k \delta(x_k^t, y_k^t) \bigotimes h_k + n^t(x, y), \quad k \in T \tag{5.14}$$

其中,根据目标特性分析,用 α_k 表示目标的亮度,(x_k^t, y_k^t) 表示目标在 k 时刻的中心;考虑光学系统影响以及动态特性的分析,用 h_s 或 h_k 表示目标的模糊核,它是根据目标的不同动态特性来确定的;针对分析的 CCD 传感器噪声,在模型中加入了噪声项 $n^t(x, y)$;S 和 T 分别表示恒星和目标。在估计目标质心的过程中,考虑目标的成像生成过程,采用生成式模型将目标中心的估计过程表示为优化问题,即

$$\{x_k^t, y_k^t, h_s\} = \arg\min d(\alpha_k \delta(x_k^t, y_k^t) \bigotimes h_s, I_t^k) + \rho(x_k^t, y_k^t, h_s) \tag{5.15}$$

式中　　d——一个距离;

　　　　ρ——正则项。

通过此框架求解得到精确的质心位置,该框架考虑到了多种因素的降质影响,故能更好地应对动态特性和光学系统相互作用下目标的能量集中度剧烈变化的问题,具有很好的鲁棒性。

5.1.4　点目标定位方法研究

星图中目标和恒星的灰度分布是关于光学系统和图像平面构成的光学点扩展函数,点扩展函数中心点则对应于恒星或目标的位置。采用逐次逼近的方法进行点状目标的定位。如 5.6 图所示,首先采用 χ^2 拟合获取光斑区域的初始质心,然后将此时得到的值作为目标区域的初值,建立有效点扩散函数(effective Point Spread Function,ePSF)模型 c,最后用 ePSF 模型对目标进行拟合从而求解其最终的质心位置。ePSF 拟合法流程图如图 5.7 所示。

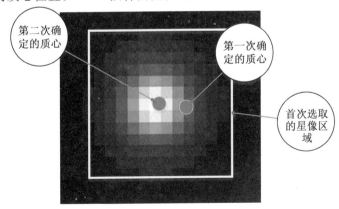

图 5.6　逐次逼近定位方法示意图

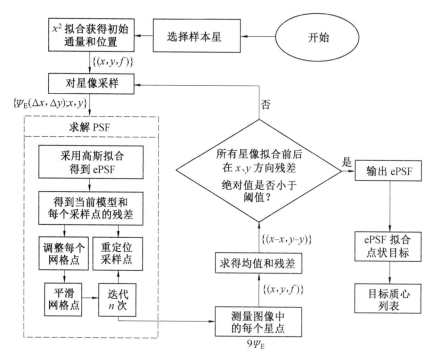

图 5.7　ePSF 拟合法流程图

5.1.7　线状目标定位方法研究

点状目标退化流程图如图 5.8 所示。

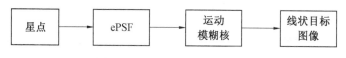

图 5.8　点状目标退化流程图

点状目标可以看作无穷远处具有一定光谱特征的点光源,经过一个 ePSF 成像后变成点状目标,若加上目标与观测平台存在相对运动的模糊核,最终变为线状目标图像,也就是实际中看到的图像。用数学表达式描述为

$$P_{ij} = f_* \cdot \Psi_E(i - x_*, j - y_*) * K(l, \theta) + B_* \qquad (5.16)$$

式中　(x_*, y_*)——点光源的中心位置;

　　　f_*——星像的通量因子;

　　　$\Psi_E(i - x_*, j - y_*)$——ePSF 位于$(i - x_*, j - y_*)$处的值;

　　　$K(l, \theta)$——相对运动的模糊核;

　　　l——模糊核的长度;

θ—— 模糊核的角度；

P_{ij}—— 像素位置(i,j)处的灰度值；

B_*—— 深空背景噪声。

令圆斑图像f_{ij}表示为

$$f_{ij} = f_* \Psi_E (i - x_*, j - y_*) \tag{5.17}$$

如果用二维函数来表示圆斑图像，有

$$f_{ij} = \iint_{-\infty}^{+\infty} f(\alpha, \beta) \delta(i, j, \alpha, \beta) \mathrm{d}\alpha \mathrm{d}\beta \tag{5.18}$$

可以推出

$$
\begin{aligned}
I_{ij} &= K(l, \theta) \iint_{-\infty}^{+\infty} f(\alpha, \beta) \delta(i, j, \alpha, \beta) \mathrm{d}\alpha \mathrm{d}\beta + B_* \\
&= \iint_{-\infty}^{+\infty} f(\alpha, \beta) K(l, \theta) \delta(i, j, \alpha, \beta) \mathrm{d}\alpha \mathrm{d}\beta + B_*
\end{aligned} \tag{5.19}
$$

由于在一定的曝光时间内，模糊核的方向和大小几乎固定，因此可以把运动模糊核视为固定，并记

$$k(i - \alpha, y - \beta) = K(l, \theta) \delta(i, j, \alpha, \beta) \tag{5.20}$$

于是线状目标的图像为

$$I_{ij} = \iint_{-\infty}^{+\infty} f(\alpha, \beta) k(i - \alpha, j - \beta) \mathrm{d}\alpha \mathrm{d}\beta + B_* \tag{5.21}$$

由式(5.21)可以很明显地看出拖尾现象产生的原因主要是受运动模糊核的影响，$f(\alpha, \beta)$中的各个像素或多或少都会对最终的拖尾图像有一定的贡献，每个像素的权值通过$k(i - \alpha, y - \beta)$确定，也就是说拖尾图像中的某一个像素由$f(\alpha, \beta)$的加权线性组合来表示。$k(i - \alpha, y - \beta)$即为常说的点扩散函数。

下面介绍基于梯度信息的线状目标定位方法。

一种对线状目标快速去除拖尾现象的方法是利用图像的梯度和灰度信息，通过迭代优化对潜在的待估计点状目标图像和模糊核进行更新。在预测步骤中，采用简单的图像处理技术从待估计图像中来预测点状目标的边缘，这有利于模糊核的估计。为了提高估计点状目标速度，在迭代清晰化过程中采用了新的预测步骤，在初步估计的点状目标中的强边缘将用于模糊核的估计。这种方法减小了计算复杂度，同时减小了振铃现象。

针对线性退化模型，将其写为更一般的形式，即

$$P = I * K + B_* \tag{5.22}$$

式中　P—— 线状目标图像；

I—— 点状目标图像;

K—— 运动模糊核,也称点扩散函数;

B_*—— 在图像获取过程中的背景噪声;

$*$—— 卷积操作运算符。

由式(5.22)可以看出,最终想要估计的是 K、I,也是就说通过优化式(5.22),可以从线状目标图像 P 中同时得到复原的点状目标图像 I 以及点状目标的中心坐标。然而,这是一个反卷积问题,一种病态特征问题,即这种问题不具有唯一的解,需要对其施加一定的约束才可以获取较好的结果。针对式(5.22)从概率层面来讲,寻求 I 的最大后验概率,有

$$p(I \mid P,K) \propto p(P \mid I,K)p(I) \tag{5.23}$$

考虑到从单一的像素域去除拖尾目标将不可避免地的受到其他因素的干扰,从而影响点状目标图像的效果,最终降低质心定位的精度,因此如何构造新的模型以及精确的解法是线状目标质心定位的首要前提。众所周知在自然场景中清晰图像的梯度信息是具有重尾分布的,如果同时考虑像素域和梯度域的信息进行去除拖尾,将重建出更为清晰的点状目标和更为精确的定位结果。基于上述因素提出如下的目标函数来求解模糊核、点状目标图像及质心。

估计点状目标图像步骤为

$$I' = \underset{I}{\arg\min} \parallel P - I * K \parallel + \alpha \parallel \Delta I \parallel \tag{5.24}$$

估计模糊核步骤为

$$K' = \underset{K}{\arg\min} \parallel P - I * K \parallel + \beta \parallel K \parallel \tag{5.25}$$

交替迭代优化算法的主要目的是渐进地优化运动模糊核 K。最终通过对线状目标进行非盲反卷积操作得到点状目标图像结果,在迭代过程中潜在点状目标结果不会对最终图像产生影响,最终图像只受精确模糊核 K 影响。

这种迭代算法的成功之处在于其利用了潜在点状目标图像的两个重要特性:保留锐利边缘和减少平滑区域的噪声,这使得估计的模糊核较为精确。假设线状目标图像的模糊是全局一致的,从目标锐利的边缘区域可以估计出较为精确的模糊核,而不能从一致性区域估计出模糊核。线状目标图像恰好包含直线的边缘,因此可以有效地估计出边缘信息,从而重建潜在的点状目标。在自然场景图像中,相比边缘部分,平滑部分占据更大的区域。根据研究,无论点状目标还是线状目标,其主体部分都是平滑的。相机和自然环境中存在的噪声将极大影响目标的定位精度。

在模糊核估计的过程中,采用共轭梯度下降法求解式(5.25)。在求解过程中需要多次计算能量函数,并且计算梯度需要很大的计算量,包括大型的矩阵和向量乘法运算。不过乘法运算与卷积操作是对应的,因此利用快速傅里叶变换可以有效地提高运算速度。利用式(5.25)直接在像素域对图像进行处理,并且减少执行快速傅里叶变换的次数,可以达到很好的收敛。

5.2　高精度定位与轨迹关联

5.2.1　提高单星测量精度的途径与分析

利用光学相机的图像进行高精度测量时,主要有三个环节对测量精度起到关键影响:图像传感器的分辨率,系统的标定和误差修正精度,以及图像中目标的定位精度。其中利用硬件提高分辨率是不经济且有限制的,因此利用亚像素定位的方法来提高星敏感器的指向精度。图 5.9 所示为从星图中提取星点质心过程示意图。

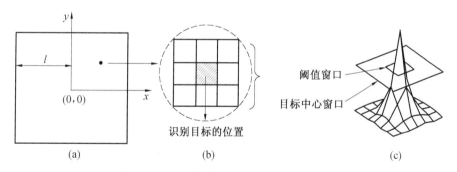

图 5.9　从星图中提取星点质心过程示意图

求星像中心有以下方法。

(1) 质心法。

质心法可以看成是以灰度为权值的加权形心法,即

$$x_0 = \frac{\sum \sum x I'(x,y)}{\sum \sum I'(x,y)} \tag{5.26}$$

$$y_0 = \frac{\sum \sum y I'(x,y)}{\sum \sum I'(x,y)} \tag{5.27}$$

其中

$$I'(x,y) = I(x,y) - T \tag{5.28}$$

式中 $I(x,y)$—— 信号强度；

T—— 阈值。

质心法的算法简单明了，但该算法只有对灰度对称分布的目标才能获得理想的效果。事实上，由于光学成像带来的离轴星像的非对称性，该算法使得单个星像的位置中心精度难以获得很大提高。

（2）拟合法。

在图像处理中，基于最小二乘准则的函数拟合是一个有效的数学工具。可以消除图像中的噪声，或者对图像中特性已知的物体建模等。常用的拟合方法有多项式、高斯函数和椭圆拟合等。使用拟合方法的前提是目标的特性（如图像的灰度分布、阴影模式的噪声和测量物体等）满足已知假定的函数形式。通过对离散图像中目标的灰度或坐标进行拟合，可以得到目标的连续函数形式，从而确定描述物体的各个参数值对目标进行亚像素定位。

对于星像，可以通过对超过某一域值的像素进行二维曲面或高斯函数拟合，选取拟合函数的最值点或极值点作为目标的定位点。如高斯分布拟合对图像中具有高斯分布特性的目标进行二维高斯曲面拟合，从而实现目标的亚像素定位。

一个二维高斯方程表示为

$$f(x,y) = A\exp\left[-\frac{(x-x_0)^2}{2\sigma_x^2} - \frac{(y-y_0)^2}{2\sigma_y^2}\right] \tag{5.29}$$

式中 A—— 幅值；

σ_x、σ_y—— 两个方向的标准差。

对式（5.29）两边取对数，展开平方项并整理得

$$f\ln f = \left(\ln A - \frac{x_0^2}{2\sigma_x^2} - \frac{y_0^2}{2\sigma_y^2}\right)f + \frac{x_0}{\sigma_x^2}(xf) + \frac{y_0}{\sigma_y^2}(yf) -$$

$$\frac{1}{2\sigma_x^2}(x^2 f) - \frac{1}{2\sigma_y^2}(y^2 f) \tag{5.30}$$

将由 N 个数据点组成的方程组写成矩阵形式为

$$Q = BC \tag{5.31}$$

式中 Q—— 一个 $N \times 1$ 向量，其元素为

$$q_i = f_i \ln f_i \tag{5.32}$$

C—— 一个完全由高斯参数复合的向量，有

$$C^{\mathrm{T}} = \left[\ln A - \frac{x_0^2}{2\sigma_x^2} - \frac{y_0^2}{2\sigma_y^2}, \frac{x_0}{\sigma_x^2}, \frac{y_0}{\sigma_y^2}, \frac{-1}{2\sigma_x^2}, \frac{-1}{2\sigma_y^2} \right] \tag{5.33}$$

B—— 一个 $N \times 5$ 矩阵，其第 i 行为

$$[b_i] = [f_i, x_i f_i, y_i f_i, x_i^2 f_i, y_i^2 f_i] \tag{5.34}$$

用伪逆法或豪斯霍尔德变换来进行最小二乘求解得到向量 C 的各个元素值，进而可以得到高斯函数的参数为

$$\begin{cases} \sigma_x = \sqrt{-\frac{1}{2}c_4}, \quad x_0 = c_2 \sigma_x^2 \\[2mm] \sigma_y = \sqrt{-\frac{1}{2}c_5}, \quad y_0 = c_3 \sigma_y^2 \\[2mm] A = \exp\left[c_1 + \frac{x_0^2}{2\sigma_x^2} + \frac{y_0^2}{2\sigma_y^2} \right] \end{cases} \tag{5.35}$$

5.2.2　数字相关及亚像素定位法

在目标定位技术中，数字相关法具有原理简单、适应性强和精度高等优点，因此得到了广泛的应用。数字相关的基本原理是基于互相关函数的相关特性，两个函数的互相关函数定义如下：

$$C(\tau) = \int_M f(t+\tau) g(t) \mathrm{d}t \tag{5.36}$$

互相关函数用于衡量两个函数在不同偏移量下的相似程度。若两个函数完全相同，但存在一定的偏移量，则当相关系数取最大值时，变量 τ 就是两个信号的偏移量，这就是利用已知函数 $g(t)$（模板）来确定未知函数 $f(t)$ 的位置。其中模板的选取和相关算法的选取是影响精度的两个关键因素。

(1) 模板的选取。

① 理想模板。主要根据系统的光学设计和星像的光谱、亮度特征，针对视场内的星像与光轴的不同夹角仿真制作一系列理想模板，预先存放在存储器中。该理想模板应尽量与目标特征重合，甚至更突出目标特征。通常目标矩阵的中心为理想目标点位置。

② 原图目标板。可以在已知目标特性的图像上首先确定目标位置，然后以该目标点为中心选取一个灰度矩阵作为模板。用此模板对包含特定特征目标点的图像区域进行相关运算。这种模板选取方法可真实地反映目标特性。但同时由于实际图像中有噪声的影响，因此对有明显噪声的目标模板，可先用对目标特

征不产生畸变的滤波(如旋转滤波)对模板进行去噪声滤波。由于模板直接取自于源图像,因而该方法简单方便、适用于任意特征目标。

(2)相关算法的选取。

相关算法包括直接相关、协方差相关、标准化相关、标准化协方差相关、差平方法、差绝对值法等。这里采用直接相关,有

$$C(x,y) = \sum_{(i,j) \in W} f(x+i, y+j) g(i,j) \tag{5.37}$$

式中　$C(x,y)$——相关函数;

　　　$f(x,y)$——目标所在源图像;

　　　$g(i,j)$——模板;

　　　W——模板区域。

当 $f(x,y)$ 和 $g(i,j)$ 确定后,二者在空间和灰度上的重叠度或相似度越大,则值越大。因此通过确定相关函数的最大值位置就可以确定目标的位置。由于数字相关运算的数学含义是模板对目标搜索区做卷积,相当于一个低通滤波器,大量的模板窗口中的点做乘积后求和具有很好的抑制噪声的作用。从实际计算的结果看到,相关函数的光滑程度比原始图像的光滑程度要好得多。因此相关定位算法有良好的抗噪能力。

在对目标图像做相关运算提取特征目标时,首先要估计目标点的大致区域,然后对此区域中的每个点做相关运算,最后选取相关函数最大点的位置为目标定位点。在确定了目标的整像素位置后,由于实际目标位置点不一定在整像素点上,因此为了进一步提高目标定位的精度,可以对以目标整像素位置为中心的一个小区域采用亚像素步长进行定位。以标准化相关法为例,亚像素步长相关算法公式如下:

$$C(x+m\mathrm{d}x, y+n\mathrm{d}y) = \frac{\displaystyle\sum_{(i,j) \in W} f(x+m\mathrm{d}x+i, y+n\mathrm{d}y+j) g(i,j)}{\sqrt{\displaystyle\sum_{(i,j) \in W} f^2(x+m\mathrm{d}x+i, y+n\mathrm{d}y+j) \sum_{(i,j) \in W} g^2(i,j)}} \tag{5.38}$$

式中　$\mathrm{d}x$、$\mathrm{d}y$——x 和 y 方向上的步长;

　　　m、n——整数。

非整数像素点的灰度值通常可以用插值方法来获取,为了减少计算量,一般采用如下双线性插值来进行:

$$I(\alpha, \beta) = I_{00}(1-\alpha)(1-\beta) + I_{01}\alpha(1-\beta) + I_{01}(1-\alpha)\beta + I_{11}\alpha\beta \tag{5.39}$$

式中　　I_{00}、I_{01}、I_{10} 和 I_{11} —— 待插值点所处方格的四个顶点；

　　　　α、β —— 插值在 $\alpha-\beta$ 坐标系下的坐标值，$\alpha=m dx$，$\beta=n dy$。

如果能对目标图像进行理想插值，那么理论上相关定位的精度取决于步长的大小。但由于图像中噪声和插值算法的误差影响，当步长小到一定程度后，得到的定位精度是没有意义的。

在本系统中，可以使用亚像元法建立理想模板，而对观测星点数据以整像素进行运算。在具体实施亚像素定位之前，根据采用的具体亚像素定位算法和实际图像的目标与背景的实际情况，通常可以先对图像进行预处理，以提高亚像素定位算法的适应性和精度。

图像上的随机噪声会对亚像素定位算法的精度产生不利影响，最常用的预处理方法是消除背景变化噪声。而用各种数字滤波器对图像进行滤波必须十分慎重，因为数字滤波过程本身会使目标特征产生一定畸变。当噪声水平低时，这种畸变可能会大于噪声的影响；当噪声水平很高时，滤波通常能够改善定位精度。

在理想模型仿真时，可以按照星像能量的理想分布建立亚像元模型；当镜头设计完成后，可以由 PSF 数据建立亚像元模型。如图 5.10 所示，APS 像元在亚像元上移动并将落于像元内的亚像元求和，叠加上随机噪声便可得到理想星像和有随机噪声的星像，如图 5.11 所示。

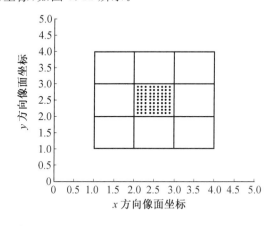

图 5.10　APS 像元在亚像元上位移示意图

相关法的一个主要缺点是运算量大。减少运算量可以从改进算法和软件程序优化两方面入手。质心法算法简单、方便快捷，但精度不高。为了减少运算量，首先用质心法对目标进行初步定位，然后进行相关定位分析，做细定位。为

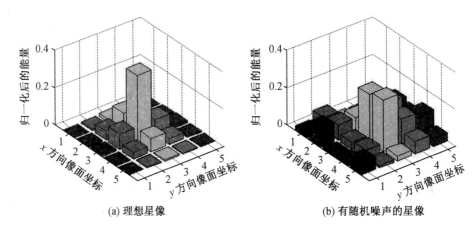

(a) 理想星像   (b) 有随机噪声的星像

图 5.11　理想星像和有随机噪声的星像

了使提出的算法位置不变,通常先建立一个局部坐标系,其原点建立在粗定位处。这样可预先计算一些所需量,明显减少计算量。表 5.1 为质心法、拟合法、相关法的比较。

表 5.1　质心法、拟合法、相关法的比较

方法	质心法	拟合法	相关法
精度	低	较高	高
应用范围	对称分布的目标	已知目标模型	任意特征目标
计算速度	快	较慢	慢

现介绍提高单星测量精度的具体仿真。假定系统的弥散斑为 3×3 像元,弥散斑内按正态分布集中了 80% 的能量,且星像信噪比为 5.5。

(1) 质心法。

质心法仿真结果如图 5.12 所示,其中横轴表示测量次数,纵轴表示偏差的像素数。数学仿真表明,在计算上述星像信噪比时,使用质心法得到的星像中心的精度平均为 1/10 像素左右。

(2) 相关法。

相关法仿真结果如图 5.13 所示,其中横轴表示测量次数,纵轴表示偏差的像素数。数学仿真表明,在计算上述星像信噪比时,使用相关法得到的星像中心的精度平均为 1/30 像素左右。

(3) 光学系统模型仿真及结果分析。

根据光学仿真的 PSF 数据建立亚像元模型,进行多次计算,得到表 5.2。

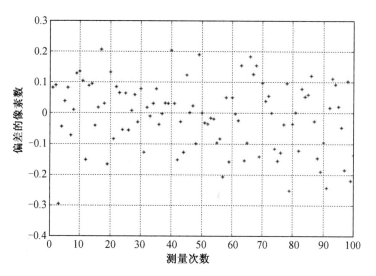

图 5.12　质心法仿真结果

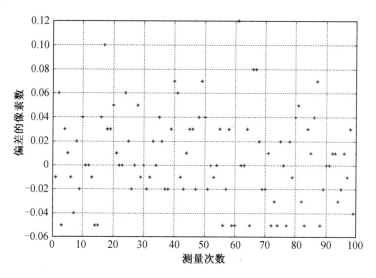

图 5.13　相关法仿真结果

表 5.2　光学系统仿真模型

信噪比	理想 PSF		PSF(1°)		PSF(3°)		PSF(5°)		PSF(7°)		PSF(10°)	
	相关法	质心法	相关法	质心法	相关法	质心法	相关法	质心法	相关法	质心法	相关法	质心法
3	0.1	0.1	0.16	0.14	0.2	0.14	0.18	0.14	0.18	0.14	0.2	0.15
4	0.08	0.09	0.14	0.13	0.15	0.13	0.15	0.13	0.15	0.13	0.16	0.14
5	0.07	0.08	0.11	0.11	0.13	0.12	0.13	0.12	0.13	0.13	0.14	0.12
6	0.06	0.07	0.1	0.1	0.1	0.1	0.1	0.1	0.1	0.11	0.12	0.11
7	0.05	0.06	0.09	0.1	0.09	0.09	0.09	0.1	0.09	0.1	0.12	0.11
8	0.05	0.06	0.08	0.09	0.08	0.09	0.08	0.09	0.08	0.09	0.1	0.1

将表 5.2 中各视场下的精度数据加权累加,可以得到全视场下质心探测精度的综合结果。

结论一:在信噪比为 6 时,利用质心法求星像中心精度可以达到 1/10 像素,而相关法可以达到 1/12 像素。表 5.2 数据统计结果也表明相关法求得的星像中心精度比质心法求得的精度要高。根据仿真数据结果可以得到星像中心精度示意图,如图 5.14 与图 5.15 所示。

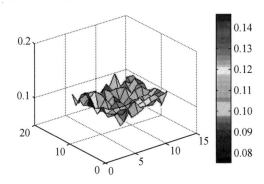

图 5.14　质心法星像中心精度(信噪比为 6)(彩图见附录)

结论二:对单个星像像素来说,星像中心位置偏差与星像亚像素位置不是线性关系。由于光学系统误差与光学镜头畸变的存在,星像越靠近边缘,星像中心位置偏差越大,即星像边缘质心精度没有星像中心精度高,如图 5.16 所示。

结论三:为了获得更高的单星质心探测精度,实际计算过程可将两种算法结合使用。具体的做法是:首先用质心法对星像中心进行初次定位,然后以此为基础利用亚像元相关模型法再次计算,这样既可使相关法计算程序得到压缩,又能

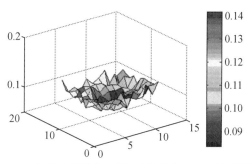

图 5.15　相关法星像中心精度（信噪比为 6）（彩图见附录）

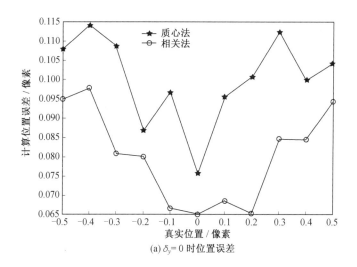

(a) $\delta_y = 0$ 时位置误差

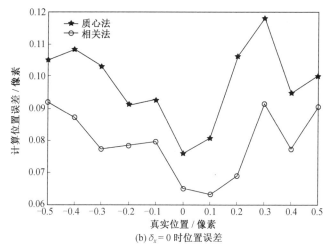

(b) $\delta_x = 0$ 时位置误差

图 5.16　单个星像质心精度与位置关系

满足系统对质心探测精度的要求。

结论四：理论上，相关法比质心法精度高，然而相关法模板的选取要求较高，计算量较大。

在像质较好的情况下，相关法的性价比是很高的。由于光学系统存在像差，往往在视场边缘误差较大。通过质心法与亚像元相关法的结合使用，可以满足本书星敏感器对星像中心精度的要求。

5.2.3　时 - 空 - 频域特性研究

从单帧和多帧出发，对目标和恒星的成像模型进行分析。单帧图像上主要考虑目标和恒星的灰度分布特征及模糊情况，多帧图像上对恒星和目标的运动模型进行分析。单帧星空图像的基本构成因素包括背景、热像素、瞬态效应、恒星和目标。目标和恒星除由运动特性不同导致的运动模糊核不同外，其成像模型基本一致，均是在背景像素的基础上，中心像素亮度在冲击函数的作用下，卷积了系统模糊核和运动模糊核形成。系统模糊核的产生是由在星空图像成像过程中，搭载成像相机的卫星运动导致的。具体地，目标在单帧图像中成像模型如下式：

$$T^t + B^t = \sum_{j \in N_T} \alpha_j^t(t_e^t)\delta(x_j, y_i) \otimes h_\circ \otimes h_T^t(\bullet) + n^t(x, y) \qquad (5.40)$$

式中　$\displaystyle\sum_{j \in N_T} \alpha_j^t(t_e^t)$——亮度；

　　　　$\delta(x_j, y_i)$——冲击函数；

　　　　$h_\circ$——光学系统模糊核；

　　　　$h_T^t(\bullet)$——目标运动模糊核。

对单帧图像中恒星的成像模型建模，如下式所示：

$$S^t + B^t = \sum_{j \in N_T} \alpha_j^t(t_e^t)\delta(x_j, y_i) \otimes h_\circ \otimes h_S^t(\bullet) + n^t(x, y) \qquad (5.41)$$

式中　$h_S^t(\bullet)$——恒星运动模糊核。

目标和恒星在星空图像成像过程中卷积的系统模糊核和运动模糊核，是目标和恒星在灰度分布上呈近高斯分布的主要原因。序列图像中，对恒星和目标的区分主要是通过其运动模型的不同来实现的。恒星的运动主要由相机的运动导致，而目标的运动是相机与目标自身运动共同形成的。在序列图像上的表现为恒星运动幅度较小，且不同恒星运动特征类似，总体恒星之间相对位置保持不变；目标做近似匀速直线运动。序列图像中，恒星的成像模型建模如下：

$$
\begin{bmatrix} x_i^t \\ y_i^t \end{bmatrix} = M^t \begin{bmatrix} x_i^{t-1} \\ y_i^{t-1} \\ 1 \end{bmatrix} + u \begin{bmatrix} u_i^t(x) \\ u_i^t(y) \end{bmatrix} \tag{5.42}
$$

式中　t——时间；

　　　i——恒星编号；

　　　M^t——全局运动参数；

　　　x_i^t、y_i^t——t 时刻第 i 颗恒星或目标的位置；

　　　$u_i^t(x)$、$u_i^t(y)$——t 时刻第 i 颗恒星的位置噪声。

目标的成像模型构建为

$$
\begin{bmatrix} x_i^t \\ y_i^t \end{bmatrix} = M^t \begin{bmatrix} x_i^{t-1} \\ y_i^{t-1} \\ 1 \end{bmatrix} + \begin{bmatrix} v_i^t(x) \\ v_i^t(y) \end{bmatrix} + \begin{bmatrix} \mu_i^t(x) \\ \mu_i^t(y) \end{bmatrix} \tag{5.43}
$$

式中　$v_i^t(x)$、$v_i^t(y)$——t 时刻第 i 个目标分别在 x 方向和 y 方向上的速度；

　　　$\mu_i^t(x)$、$\mu_i^t(y)$——t 时刻第 i 个目标的位置噪声。

5.2.4　轨迹关联

　　针对星空图像中临近目标和交汇目标容易混淆、难以跟踪的问题,将多特征引入至联合数据关联的多目标跟踪方法中。利用目标运动模型的先验知识以及多帧信息,将有效观测量初始化成潜在目标状态量。在此基础上,给出目标状态量与潜在目标状态量之间的关联方法,最终获得多目标扩展特征状态量的最优估计结果。

　　概率数据关联作为贝叶斯全邻域滤波中最成功的方法在单目标跟踪中常被用到。与最近邻数据关联相比,概率数据关联在观测量和目标的匹配关系不明确的情况下,尽可能地去获得更多观测量的信息,尽管不可避免地会引入杂波观测量信息,但能大概率不遗漏正确的观测量信息。然而在星空图像中,背景杂波看似分布比较密集,实际上恒星、目标以及背景杂波占整个星空图像像素数比较少,近似于疏状态。从这个角度看,落入到目标有效区域内的观测量并不是高密度分布,而是随机地、低密度地出现。杂波观测量并不是均匀地分布在实际观测量周围,因此,并不能通过杂波观测之间的相互抵消来降低错误信息的干扰。若用最近邻数据关联方法,其会在目标与恒星粘连、目标与背景杂波粘连等情况下失效。该方法在有效区域内选中一个观测量,并以定性的形式将该观测量信息

更新至目标状态量中,导致目标偏离原先轨迹,最后形成错误目标链。针对以上问题拟采用传统概率数据关联方法和目标非运动特征相结合的方法,在更高维度特征空间中对观测量信息进行比较,来弥补背景杂波稀疏所带来的关联误差。

1. 潜在目标状态量的生成

相比于当前帧的观测量,目标的状态量要包含更多的信息,而这些信息是单帧无法提供的。因此,形成目标的状态量需要利用多帧观测量信息,在获得目标先验运动模型时,多帧形成的目标状态量会比较准确。形成目标的状态量有两种思路:预测结合滤波的方式和平滑结合滤波的方式。这两种方式的不同之处在于,前者是利用历史帧数据加上当前帧数据来估计当前帧的潜在目标状态量的,而后者是利用将来帧数据和当前帧数据来规矩当前帧的潜在目标状态量的。选择的依据很简单,即根据目标初始化的方法来决定。

2. 状态量之间关联概率的计算

在获得当前帧的潜在目标状态量集合后,接着计算时刻所具有的多目标链与该集合进行数据关联。和传统数据关联方法的步骤相似,状态量关联需要经过以下步骤:

① 有效区域提取;

② 有效事件的分配;

③ 边缘关联概率计算。

有效区域按照运动特征量和非运动特征量分别进行两次计算,先利用目标扩展特征状态量中的运动特征状态量得到初步的有效潜在目标状态量集合 G_1,再利用非运动特征进一步筛选有效潜在目标状态量集合,最后得到集合 G_2,相比观测量关联的计算过程,潜在目标状态量的关联概率计算会简单一些。潜在目标状态量可能的状态有两种:属于已存在目标链或属于新增目标链。在关联过程中,不用考虑虚假潜在目标状态量的分布。对于有效区域内有重叠的目标链,同样按照"一一对应"原则,一个目标状态量最多与一个潜在目标状态量关联,一个潜在目标状态量最多与一个目标状态量关联。状态量数据关联模型如图 5.17 所示。

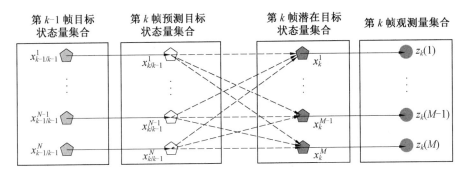

图 5.17　状态量数据关联模型

3.目标状态量的更新

目标状态量的更新过程与前面概率数据关联以及联合概率数据关联的过程类似,只不过将观测量替换成潜在目标状态量。各特征组合后得到的关联概率,结合概率数据关联中更新方程,即可最终求出扩展特征状态向量 $\hat{\boldsymbol{x}}_k^*$ 以及对应的扩展特征协方差矩阵 $\boldsymbol{P}_k^*$,有

$$\hat{\boldsymbol{x}}_{k|k}^* = \sum_{i=1}^{m_k} \beta(i) \hat{\boldsymbol{x}}_{k|k}^i \tag{5.44}$$

$$\boldsymbol{P}_{k|k}^* = \sum_{i=1}^{m_k} \beta(i) \{ \boldsymbol{P}_{k|k}^{*i} + [\hat{\boldsymbol{x}}_{k|k}^{*i} - \hat{\boldsymbol{x}}_{k|k}^*][\hat{\boldsymbol{x}}_{k|k}^{*i} - \hat{\boldsymbol{x}}_{k|k}^*] \} \tag{5.45}$$

5.3　碎片天文定位技术

天文定位是根据 CCD 图像上目标和背景恒星(也称定标星)的相对位置,给出目标位置的一种定位方式。它处理的主要内容是在定标星(恒星)的理想坐标和量度坐标(CCD 底片直角坐标)之间建立一种映射关系,构建相关的数学模型,实现高精度的天文定位,根据处理模型实现定位精度分析。

5.3.1　本体坐标与天球坐标转换

1.基本关系式

卫星的 CCD 相机摄影观测经处理后,使用坐标量测仪量测所选恒星(定标星)以及空间碎片星像的平面坐标 (x,y) ,同时自星表可以得到恒星的赤道坐标

(α,δ)。这样,可知每一个定标星在赤道坐标系中的坐标值,同时也知它在量测仪所建立的量测坐标系中的坐标值。利用一组恒星同时具有这两个坐标系中的坐标值,可以确定两个坐标系间的转换关系。一旦建立了这种转换关系,就可以将空间碎片的量测坐标转换至赤道坐标。

星像 S 在摄影底片上的平面位置 (x,y) 是通过摄影物镜后原点 O 来表示所摄空间方向的,过后原点 O 向底片作垂线,交底片平面于点 D,D 称为像底点,它对应的量测坐标设为 (x_0,y_0)。以 O 为原点建立一个量测坐标系 $O-\xi\eta\zeta$;取单位矢量 $\overrightarrow{DO}$ 为 ζ 轴,ξ 轴与 η 轴分别平行于量测仪所建立的 x 轴与 y 轴(方向相反),如图 5.18 所示。底片的星像点 S' 在 $O-\xi\eta\zeta$ 坐标系内的位置矢量为

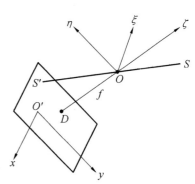

图 5.18　底片星像表示的空间方向

$$\overrightarrow{OS'}=\begin{bmatrix} -(x-x_0) \\ -(y-y_0) \\ -f \end{bmatrix} \qquad (5.46)$$

它所对应的所摄星的方向为

$$\overrightarrow{OS^0}=\lambda\begin{bmatrix} x-x_0 \\ y-y_0 \\ f \end{bmatrix} \qquad (5.47)$$

$$\lambda=[(x-x_0)^2+(y-y_0)^2+f^2]^{-1/2} \qquad (5.48)$$

而该星在赤道坐标系内的方向为

$$\overrightarrow{OS^0}=\begin{bmatrix} \cos\alpha\cos\delta \\ \sin\alpha\cos\delta \\ \sin\delta \end{bmatrix} \qquad (5.49)$$

这两个坐标系原点重合,只是三个坐标轴的指向不同,可以通过三次旋转建立它们之间的转换关系。例如将 $O-\xi\eta\zeta$ 坐标系绕 ζ 轴旋转 k,使 η 轴在 $zO\zeta$ 平面;再绕 ξ 轴转 d,使 ζ 轴与 z 轴重合;再绕 ζ 轴旋转 a,使 ξ 轴与 x 轴重合,如图 5.19 所示。

于是可得两坐标系关系为

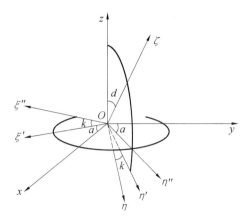

图 5.19　量测坐标系与赤道坐标系的坐标转换

$$
\begin{bmatrix}
\cos\alpha\cos\delta \\
\sin\alpha\cos\delta \\
\sin\delta
\end{bmatrix}
= \lambda R_z(a)R_x(d)R_z(k)
\begin{bmatrix}
x - x_0 \\
y - y_0 \\
f
\end{bmatrix}
\tag{5.50}
$$

或写为

$$
\begin{bmatrix}
\cos\alpha\cos\delta \\
\sin\alpha\cos\delta \\
\sin\delta
\end{bmatrix}
= \lambda \boldsymbol{A}
\begin{bmatrix}
x - x_0 \\
y - y_0 \\
f
\end{bmatrix}
\tag{5.51}
$$

式中　$\boldsymbol{A}$—— 旋转矩阵，且

$$
\boldsymbol{A} =
\begin{bmatrix}
\cos a\cos k - \sin a\cos d\sin k & \cos a\sin k + \sin a\cos d\cos k & \sin a\sin d \\
-\sin a\cos k - \cos a\cos d\sin k & -\sin a\sin k + \cos a\cos d\cos k & \cos a\sin d \\
\sin d\sin k & -\sin d\cos k & \cos d
\end{bmatrix}
\tag{5.52}
$$

坐标转换关系式中包含三个待定的坐标转换参数 a、d、k，以及三个仪器鉴定常数 x_0、y_0、f。由于仪器常数常含有一定的误差，且往往会随时间而变化，通常也把它们作为待定的仪器参数。每一个所量测的定标星可以按式(5.51)得到两个独立的方程式，只要三个定标星就可以确定六个待定参数。待定参数一经确定，就可将空间碎片的量测坐标 (x,y) 转换为天球赤道坐标 (α,δ)。

2. 坐标转换参数的几何意义及惯性的坐标转换关系式

三个仪器鉴定常数 x_0、y_0、f 的具体含义前文已做明确阐述。现探讨三个坐标转换参数 a、d、k 的几何意义。考虑像底点 (x_0,y_0) 对应的方向为 (α_0,δ_0)，可得

$$
\cos\alpha_0\cos\delta_0 = \sin a\sin d \tag{5.53}
$$

$$\sin \alpha_0 \cos \delta_0 = \cos a \sin d \qquad (5.54)$$

$$\sin \delta_0 = \cos d \qquad (5.55)$$

于是可以得出

$$a = 90° - \alpha_0 \qquad (5.56)$$

$$d = 90° - \delta_0 \qquad (5.57)$$

k 的几何意义也可用类似方法讨论,但较烦琐,可由图 5.19 更方便地得出其几何意义。由图可见 k 是 η 轴与 $O-\xi\eta\zeta$ 坐标第一次绕 ζ 轴旋转后的 η' 轴之夹角,而 η' 轴在 $zO\zeta$ 平面内,即在过 (α_0, δ_0) 的子午面内,η' 轴沿赤纬减小的方向,考虑到量测仪 y 轴与 η 轴指向相反,故可以说 k 表示过 (α_0, δ_0) 的子午面和底片平面交线(沿赤纬增加的方向)之夹角,自 y 轴向交线量取为正。

讨论坐标转换参数几何意义的目的是为了能方便地取得其近似值,可以将底片放在星图上,使底片上所摄星像与星图上的星一一对应,就可以方便地得到 α_0、δ_0 及 k 的近似值。通过星图还可认证所摄星像是哪一个恒星,以便自星表取得该星的赤道坐标。

实际工作中常直接采用 α_0、δ_0 作为坐标转换参数,可得

$$\boldsymbol{A} = \begin{bmatrix} \cos \alpha_0 \cos k - \cos \alpha_0 \sin \delta_0 \sin k & \sin \alpha_0 \sin k + \cos \alpha_0 \sin \delta_0 \cos k & \cos \alpha_0 \cos \delta_0 \\ -\cos \alpha_0 \cos k - \sin \alpha_0 \sin \delta_0 \sin k & -\cos \alpha_0 \sin k + \sin \alpha_0 \sin \delta_0 \cos k & \sin \alpha_0 \cos \delta_0 \\ \cos \delta_0 \sin k & -\cos \delta_0 \cos k & \sin \delta_0 \end{bmatrix}$$

$$(5.58)$$

或写为

$$\boldsymbol{A} = \begin{bmatrix} a_{11} & a_{12} & a_{13} \\ a_{21} & a_{22} & a_{23} \\ a_{31} & a_{32} & a_{33} \end{bmatrix} \qquad (5.59)$$

其坐标转换关系式仍为

$$\begin{bmatrix} \cos \alpha \cos \delta \\ \sin \alpha \cos \delta \\ \sin \delta \end{bmatrix} = \lambda \boldsymbol{A} \begin{bmatrix} x - x_0 \\ y - y_0 \\ f \end{bmatrix} \qquad (5.60)$$

式中

$$\lambda = [(x - x_0)^2 + (y - y_0)^2 + f^2]^{-1/2} \qquad (5.61)$$

即为通常使用的坐标转换关系式。

在实际工作中为了提高坐标转换参数的解算精度,常测量多颗定标星,以最

小二乘法解算。此外,考虑到摄影量测中的一项主要误差 —— 镜头畸变差可以用一个多项式近似表示,在平差中将畸变常数也作为仪器常数一并解出。按像差理论,镜头畸变差可用下式近似表示:

$$\boldsymbol{\delta}_r = (c_1 r^3 + c_2 r^5 + \cdots) \boldsymbol{r}^0 \tag{5.62}$$

或写为分量形式为

$$\delta_x = x(c_1 r^2 + c_2 r^4 + \cdots) \tag{5.63}$$

$$\delta_y = y(c_1 r^2 + c_2 r^4 + \cdots) \tag{5.64}$$

$$r^2 = x^2 + y^2 \tag{5.65}$$

按此可写出式(5.60)的逆变换,有

$$\lambda \begin{bmatrix} x + c_1 x r^2 + c_2 x r^4 - x_0 \\ y + c_1 y r^2 + c_2 y r^4 - y_0 \\ f \end{bmatrix} = \boldsymbol{A}^{-1} \begin{bmatrix} \cos \alpha \cos \delta \\ \sin \alpha \cos \delta \\ \sin \delta \end{bmatrix} \tag{5.66}$$

式(5.66)包括三个方程式,由于它所表示的是单位矢量,其中只有两个方程式是独立的,可将第三个方程代入前两个方程以消去 λ,即

$$x + c_1 x r^2 + c_2 x r^4 - x_0 = f \frac{a_{11} X + a_{21} Y + a_{31} Z}{a_{13} X + a_{23} Y + a_{33} Z} \tag{5.67}$$

$$y + c_1 y r^2 + c_2 y r^4 - y_0 = f \frac{a_{12} X + a_{22} Y + a_{32} Z}{a_{13} X + a_{23} Y + a_{33} Z} \tag{5.68}$$

式中　　a_{ij} —— 旋转矩阵 $\boldsymbol{A}$ 的元素(参见式(5.59));

$$X = \cos \alpha \cos \delta \tag{5.69}$$

$$Y = \sin \alpha \cos \delta \tag{5.70}$$

$$Z = \sin \delta \tag{5.71}$$

可写为

$$x = f_x(x_0, f, \alpha_0, \delta_0, k, c_1, c_2) \tag{5.72}$$

$$y = f_y(y_0, f, \alpha_0, \delta_0, k, c_1, c_2) \tag{5.73}$$

对于量测坐标 x、y,以观测值及其改进数代之,即

$$x = x' + v_x, \quad y = y' + v_y \tag{5.74}$$

对待求参数以近似值及其改进数代之,即

$$x_0 = x_0^0 + \Delta x_0 \quad y_0 = y_0^0 + \Delta y_0 \tag{5.75}$$

$$\alpha_0 = \alpha_0^0 + \Delta \alpha_0 \quad \delta_0 = \delta_0^0 + \Delta \delta_0 \tag{5.76}$$

$$k = k^0 + \Delta k \quad f = f^0 + \Delta f \tag{5.77}$$

$$c_1 = c_1^0 + \Delta c_1 \quad c_2 = c_2^0 + \Delta c_2 \tag{5.78}$$

式中 c_1^0、c_2^0——畸变常数的近似值,通常可取为 0。

按台劳级数展开并取值一阶项,即可得到线性化的观测误差方程式,即

$$v_x = \frac{\partial f_x}{\partial x_0}\Delta x_0 + \frac{\partial f_x}{\partial f}\Delta f + \frac{\partial f_x}{\partial \alpha_0}\Delta \alpha_0 + \frac{\partial f_x}{\partial \delta_0}\Delta \delta_0 + \frac{\partial f_x}{\partial k}\Delta k + \frac{\partial f_x}{\partial c_1}\Delta c_1 + \frac{\partial f_x}{\partial c_2}\Delta c_2 +$$

$$f_x(x_0^0, f^0, \alpha_0^0, \delta_0^0, k^0, c_1^0, c_2^0) - x' \tag{5.79}$$

$$v_y = \frac{\partial f_y}{\partial y_0}\Delta y_0 + \frac{\partial f_y}{\partial f}\Delta f + \frac{\partial f_y}{\partial \alpha_0}\Delta \alpha_0 + \frac{\partial f_y}{\partial \delta_0}\Delta \delta_0 + \frac{\partial f_y}{\partial k}\Delta k + \frac{\partial f_y}{\partial c_1}\Delta c_1 + \frac{\partial f_y}{\partial c_2}\Delta c_2 +$$

$$f_y(y_0^0, f^0, \alpha_0^0, \delta_0^0, k^0, c_1^0, c_2^0) - y' \tag{5.80}$$

于是第 i 个定标星量测误差方程式可写为

$$v_{xi} = a_{1i}\Delta x_0 + a_{2i}\Delta y_0 + a_{3i}\Delta f + a_{4i}\Delta \alpha_0 + a_{5i}\Delta \delta_0 +$$

$$a_{6i}\Delta k + a_{7i}\Delta c_1 + a_{8i}\Delta c_2 + I_{xi} \tag{5.81}$$

$$v_{yi} = b_{1i}\Delta x_0 + b_{2i}\Delta y_0 + b_{3i}\Delta f + b_{4i}\Delta \alpha_0 + b_{5i}\Delta \delta_0 +$$

$$b_{6i}\Delta k + b_{7i}\Delta c_1 + b_{8i}\Delta c_2 + I_{yi} \tag{5.82}$$

式中

$$a_{1i} = 1, \quad a_{2i} = 0, \quad a_{3i} = x_i/f$$

$$a_{4i} = \frac{x_i}{f}(a_{32}x_i - a_{31}y_i) - a_{33}y_i + a_{32}f$$

$$a_{5i} = \frac{1}{\cos \delta_0}\left[\frac{x_i}{f}(a_{31}x_i + a_{32}y_i) + a_{31}f\right]$$

$$a_{6i} = y_i, \quad a_{7i} = -x_i r^2, \quad a_{8i} = -x_i r^4$$

$$I_{xi} = f^0 - \frac{a_{11}^0 x_i + a_{21}^0 y_i + a_{31}^0 z_i}{a_{13}^0 x_i + a_{23}^0 y_i + a_{33}^0 z_i} - x_i'$$

$$b_{1i} = 0, \quad b_{2i} = 1, \quad b_{3i} = y_i/f$$

$$b_{4i} = \frac{y_i}{f}(a_{32}x_i - a_{31}y_i) + a_{33}x_i - a_{32}f$$

$$b_{5i} = \frac{1}{\cos \delta_0}\left[\frac{y_i}{f}(a_{31}x_i + a_{32}y_i) + a_{32}f\right]$$

$$b_{6i} = x_i, \quad b_{7i} = -y_i r_i^2, \quad b_{8i} = -y_i r_i^4$$

$$I_{yi} = f^0 - \frac{a_{12}^0 x_i + a_{22}^0 y_i + a_{32}^0 z_i}{a_{13}^0 x_i + a_{23}^0 y_i + a_{33}^0 z_i} - y_i'$$

$$r^2 = (x_i'^2 + y_i'^2), \quad a_{jk}^0 = a_{jk}(\alpha_0^0, \delta_0^0, k^0)$$

每个定标星均可列出两个误差方程。对于一张底片的全部定标星,其误差方程为

$$V = BX - L \tag{5.83}$$

组成法方程

$$B^{\mathrm{T}}BX - B^{\mathrm{T}}L = 0 \tag{5.84}$$

其解

$$X = (\Delta X_0 \, \Delta Y_0 \, \Delta f_0 \, \Delta \alpha_0 \, \Delta \delta_0 \, \Delta c_1 \, \Delta c_2)^{\mathrm{T}} = (B^{\mathrm{T}}B)^{-1} B^{\mathrm{T}}L \tag{5.85}$$

其解即坐标转换参数的改正数,于是可得到坐标转换参数的平差值。由式(5.59)和式(5.60)即可自空间碎片的量测坐标值(x, y)求得其天球坐标值$(\alpha_\mathrm{d}, \delta_\mathrm{d})$。

5.3.2　观测值的修正

上节讨论的底片归算是通过坐标转换自所观测的恒星方向解算空间碎片的观测方向,实际上,不论空间碎片还是恒星的观测都受到一系列物理因素的影响(如大气折光、光行差等)。因此,我们所得到的观测方向是在一定程度上被歪曲了的方向,必须进行某些观测值的修正,才能得到真实的观测量 —— 跟踪卫星至空间碎片的单位矢量。考虑到这一情况,实际的空间碎片观测方向归算过程如下。

① 选定一种坐标系,例如真天球坐标系。

② 自星表提供的恒星在星表历元平天球坐标系中的方向(坐标)通过坐标转换得到恒星在真天球坐标系中的方向。

③ 上述方向加入大气折射差及光行差改正,得到恒星在真天球坐标系中的观测方向。如果恒星与空间碎片不是同时拍摄的,在恒星的观测方向中还要加入周日视运动改正。

④ 通过底片归算得到空间碎片在真天球坐标系中的观测方向。

⑤ 将观测方向扣除大气折射差、光行差;并加入折射视差改正、光行时间改正、相位差改正,得到空间碎片在真天球坐标系中的方向。

1. 恒星的周日视运动改正

在使用固定式卫星摄星仪进行观测时(对空间碎片和恒星都不跟踪),空间碎片与恒星通常不是同时曝光的。由于空间碎片和恒星都是运动的,显然必须二者在同一瞬间曝光(观测),才能得到在该观测时刻的空间碎片与恒星的相关位置,从而得到空间碎片在该观测时刻的方向。如果空间碎片与恒星的拍摄时刻不同(设分别为 t_s 与 t_r)则可将恒星的方向加以改正,归化到同一瞬间(空间碎片观测瞬间),即

$$\Delta\alpha_r = (t_r - t_s) + 0.002\ 733\ 8(t_r - t_s) \tag{5.86}$$

$$\Delta\delta_r = 0 \tag{5.87}$$

式中　第二项是平时化恒星时改正。

2. 光行时间改正

尽管光的传播速度很快,但自空间碎片发出的光要经过一个 δt 时间才能传到跟踪卫星,有

$$\delta t = \rho/c \tag{5.88}$$

式中　ρ——空间碎片到跟踪卫星的距离。

这说明所记录的观测时刻与所观测到的空间碎片的位置(空间碎片发光时的位置)不对应,即观测时间滞后了 δt。可以将观测时间进行如下修正:

$$t = t' - \rho/c \tag{5.89}$$

当然也可以不修正观测时间而修正空间碎片方向,二者并无原则性区别。

3. 空间碎片方向观测的归算流程

综合前述底片归算与各项改正数的计算,给出空间碎片方向观测的计算框图,如图 5.20 所示。

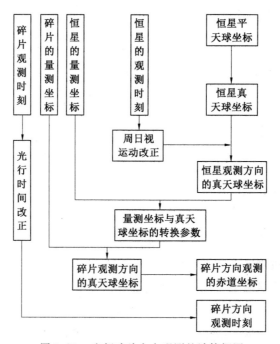

图 5.20　空间碎片方向观测的计算框图

第6章

空间碎片探测卫星系统

6.1　空间碎片探测卫星组成与功能

低轨空间碎片光学探测卫星主要由有效载荷系统、服务系统构成,如图 6.1 所示。有效载荷系统主要包括探测载荷分系统和数传分系统;服务系统包括结构分系统、供配电分系统、数管分系统、测控分系统、控制与推进分系统和热控分系统。

低轨空间碎片光学探测卫星主要功能包括:

① 基于大口径空间碎片探测相机实现对 $1 \sim 10$ cm 以上空间碎片的探测;

② 基于信息处理单元对空间碎片进行检测、识别、定位功能,为编目定轨提供批量观测值;

③ 基于多次观测实现空间碎片轨道的精确测量;

④ 基于高精度星敏、陀螺和双频 GPS 实现平台的高轨道和姿态测量精度;

⑤ 基于控制推进系统,实现姿态机动和轨道机动能力,为满足特定碎片探测任务需求提供平台运动特性支持;

⑥ 基于高精度热控系统,实现探测图像高几何精度稳定性;

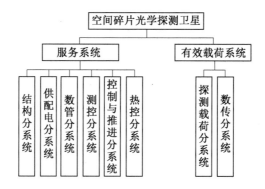

图 6.1　低轨空间碎片光学探测卫星组成框图

⑦ 基于对地数传和中继数传相结合,提供高效数据下传能力;

⑧ 基于大容量数据记录系统实现境外测量数据记录并回放。

应指出,卫星系统的正常运转需在地面系统的支持下配合完成。地面系统由数据接收/存储/转发部门、数据处理部门、系统在轨维护部门、任务制定部门、控制中心等组成,主要任务是进行任务规划、数据计算分析、控制整个系统运行,如图 6.2 所示。整个系统在不降低系统时间响应特性的前提下,除了必须在星上实现的功能外,尽量将更多的功能在地面实现,以降低系统研制建设和使用维护的难度。地面系统主要负责的任务包括:

① 接收存储载荷数据、图像数据;

② 多源数据融合生成数据产品,包括编目入库、交通管理、碰撞预警支持、大气质量密度校正模型等应用;

③ 实时任务规划调度;

④ 卫星健康状态监控;

⑤ 卫星在轨维护数据处理。

基于低轨厘米级小碎片分布特性可知,低轨厘米级碎片在 800 km、1 400 km 分布最为密集,倾角方面在 90° 左右最为密集,即低轨太阳同步轨道区域是空间碎片分布密集区域。1 400 km 附近碎片主要为 20 世纪俄罗斯发射航天器残留的空间碎片,而低轨 500 ～ 800 km 轨道是我国低轨遥感卫星运行的黄金轨道,因此轨道组网设计的应用主要面向低轨 500 ～ 800 km 碎片的编目。

对低轨小碎片进行天基探测时,需要保持载荷具备较好的顺光观测条件,当探测载荷搭载于不同类型的典型低轨轨道上时,其顺光观测能力有所不同。

选择卫星采用太阳同步轨道,优点是太阳光矢量进动速率与轨道面进动速

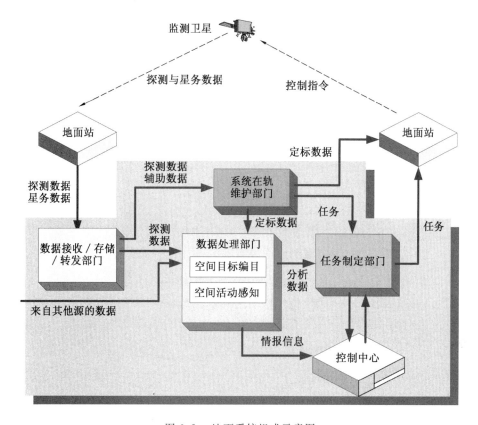

图 6.2　地面系统组成示意图

率始终相同,有利于宿主卫星能源分系统、热控分系统设计。但与对地遥感不同,对于深空背景下的空间碎片探测,还需进一步考虑。

若采用晨昏轨道,且探测载荷沿轨道面法线方向布置,可始终沿顺光方向观测空间碎片,但如果是我国对地遥感最多应用的 10 点、14 点太阳同步轨道,则不能始终保持较好的顺光观测条件。如图 6.3 和图 6.4 所示,典型 600 km 晨昏轨道寄宿搭载载荷一年内观测方向太阳入射角(即光轴方向、太阳光到宿主卫星这两个矢量之间的夹角)变化为 $0° \sim 35°$,始终具备较好顺光观测条件。而对于 10 点、14 点太阳同步轨道而言,太阳入射角介于 $50° \sim 70°$、$110° \sim 130°$ 之间,顺光探测条件明显不如晨昏轨道。

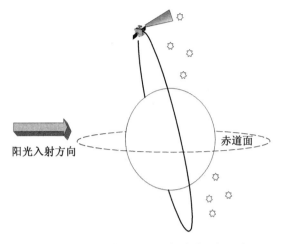

图 6.3　晨昏轨道寄宿探测空间碎片运行示意图

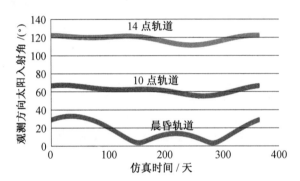

图 6.4　典型太阳同步轨道下寄宿探测太阳入射角

6.2　卫星工作模式

1. 交会观测模式

空间碎片光学探测载荷相对于平台不同,平台保持惯性定向或者对地定向,在平台运行的过程中,碎片探测载荷在可见范围内,实现对空间碎片的交会观测,如图 6.5 所示。对照前述章节的探测载荷工作模式可知,探测载荷运行于天区扫描模式,主要用于全天域空间碎片的广域探测和编目。

2. 天区凝视模式

针对未知目标探测,通过卫星姿态调整实现对特定天区指向稳定,探测相机

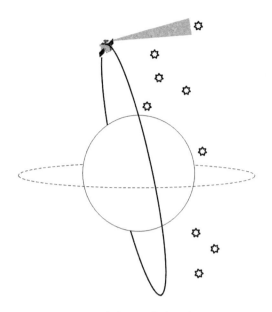

图 6.5　交会观测模式示意图

以固定帧频对该区域成像,从而获得多帧该区域的图像,如图 6.6 所示。图像内部恒星为点目标,碎片为线目标,通过图像预处理初步识别碎片轨道。探测载荷运行于恒星跟踪模式,可以实现对全天域空间碎片的初步定轨,也可用于获取某重点凝视区域内碎片的分布情况。

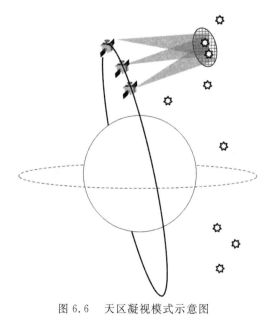

图 6.6　天区凝视模式示意图

3.目标跟踪模式

针对已获取初步轨道信息的碎片目标,卫星机动完成对特定目标的识别、锁定与跟踪,探测相机对该目标所在区域连续成像,从而增长观测弧段,提高目标轨道计算精度,如图 6.7 所示。探测载荷运行于目标跟踪模式,可以在原有编目信息的基础上,充分发挥天基观测效率的优势,缩短观测周期,加强编目信息维护能力。

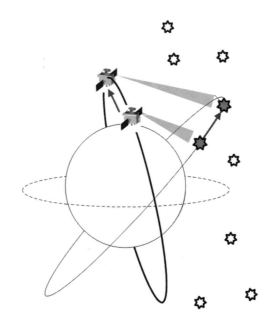

图 6.7 目标跟踪模式示意图

6.3 典型卫星系统

6.3.1 专用型天基系统

当前,国际上尚没有专用的空间碎片探测卫星,主要发展的空间碎片监视卫星也可用于空间碎片探测,以下介绍典型的卫星系统。

1. 可操作性精化星历表天基望远镜

可操作性精化星历表天基望远镜(Space — based Telescopes for Actionable Refinement of Ephemeris,STARE)是概念验证性的任务,目标是基于地基装置获得的轨道星历来提高卫星星座的监视能力和空间碎片碰撞风险预估的可靠性。简明地说,STARE 的主要目标是验证天基监视对于更新在轨目标的轨道参数的有效性。为达到这一目的,两颗立方星将发射到 700 km 的极轨道,在离其他星最近的位置于光学波段上成像。图像将同 GPS 数据一并处理来更新目标的位置和轨迹。如果该任务能够成功,这项任务将为由一系列相同卫星构成的卫星星座实现所有卫星和碎片的星历更新功能奠定基础。

工程人员通过仿真表明高度为 700 km、倾角为 90° 的轨道对于监视目标最符合要求,但是考虑到太阳帆板能量收集时卫星姿态控制的问题,最终选择了太阳同步轨道,轨道倾角为 98°。卫星的总线与光学载荷之间是通过 RS — 422 连接的,载荷包括光学元件、可见 CMOS 传感器和其承载板、一个 OEMV — 1G GPS 接收器和天线、几个接口。载荷中一个精密的 Marvell PXA 270 微处理器掌管了与总线的通信,可进行图像的获取并且结合当前的 GPS 数据进行数据处理。

载荷的光学系统结构采用了卡塞格林式,如图 6.8 所示。STARE 系统指标见表 6.1。

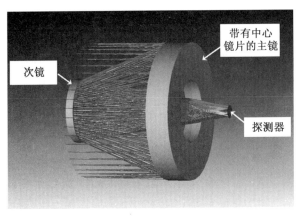

图 6.8　载荷的光学系统结构

表 6.1　STARE 系统指标

成像仪指标项目	指标值
像元个数	1 280 × 1 024
焦距	225 mm
视场	2.08° × 1.67°
像元尺寸	6.7 μm
读出分辨率	8 bits
积分时间	1 s
口径	85 mm
F 数	2.65
尺寸	< 9.75 cm × 9.75 cm × 15 cm
质量	< 1.83 kg
输出数据率	< 50 kb/s

在轨图像处理需要的信息有：

① 在观测时刻卫星精确的位置和时间。这个信息包含在 GPS 日志中,每个 GPS 日志字节数为 200～300。

② 恒星位置(探测器坐标)。恒星的位置将给我们精确的卫星指向,在图像中记录 100 颗恒星的位置和亮度。

(3) 轨迹终点的位置(探测器坐标)。从上面两条中获得时间信息和角信息,轨迹终点为我们提供观测时间内卫星在横向平面内精确的起始和终点位置。

2. SODDAT 空间碎片监视系统

NASA 的马歇尔空间飞行中心(MSFC)从 2009 年起开始研究日益增长的空间碎片问题。小型轨道碎片探测、捕获与跟踪(SODDAT)概念技术验证飞行器就是其中一个研究内容,如图 6.9 所示。SODDAT 的目的是实现微小碎片的探测、捕获和跟踪,在 LEO 轨道 1 000 km 距离实现 1～10 cm 空间碎片的探测,最终服务于轨道碎片的清除。SODDAT 采用光学、激光雷达(用以确定距离和近距离跟踪)。基本的方案是利用 CMOS 成像仪和高速探测器宽视场(2° × 2°)卡塞格林兆像素望远镜,探测 100 km 处 1 cm(反射率 0.1)的碎片,雷达工作范围为 10～25 km。SODDAT 指标见表 6.2。

图 6.9　SODDAT 卫星概念图

表 6.2　SODDAT 指标

项目	指标值
寿命	3 年
轨道高度	800 km
轨道倾角	83°
载荷质量	100 g ～ 200 kg
平台质量	400 g ～ 500 kg
总质量	500 g ～ 700 kg
探测手段	主被动结合； 被动手段：紫外、可见光、红外等多种探测
探测目标	需要微小碎片有 10% 的星体反照率； 在 1 000 km 范围内分辨 1 ～ 10 cm 的碎片； 探测完成所允许的碎片相对于飞行器最大移动速度为 16 km/s

6.3.2　寄宿型天基系统

　　发展专用的天基探测系统必然面临立项研制周期较长、成本较高等问题。在"十四五"期间，我国计划发展大量民用、商用航天器，可通过在这些航天器上搭载低成本模块化寄宿载荷的方式，快速经济地构建空间碎片天基观测系统。

　　考虑低轨碎片轨道分布，尤其是轨道高度特点，宿主卫星宜选择太阳同步轨道卫星，其太阳光矢量进动速率与轨道面进动速率始终相同，有利于宿主卫星能源分系统、热控分系统设计，低轨遥感卫星大都采用太阳同步晨昏轨道，为载荷寄宿搭载提供了有利机会。

在空间碎片探测工作模式设计方面,首先考虑寄宿载荷在平台上的安装位置,提出寄宿载荷安装位置。寄宿载荷沿轨迹 X 向、轨道面法线 Y 向、平台天顶 $-Z$ 向布置时观测场景示意图如图 $6.10 \sim 6.12$ 所示。

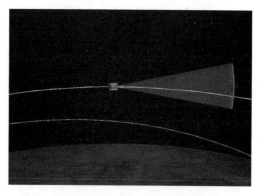

图 6.10　沿轨迹 X 向搭载

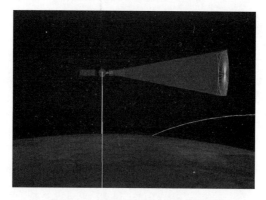

图 6.11　沿轨道面法线 Y 向搭载

图 6.12　沿平台天顶 $-Z$ 向搭载

假定有若干探测能力为 13 Mv、视场角为 $14° \times 14°$ 的寄宿载荷,搭载于 500 km、由共 6 个轨道面 12 颗星组成的低轨遥感星座上,通过仿真的方式研究寄宿载荷的搭载方式,寄宿载荷沿轨迹 X 向、轨道面法线 Y 向、平台天顶 $-Z$ 向布置时,对低轨碎片探测重访间隔如图 6.13 ～ 6.15 所示。可见碎片探测重访间隔方面,沿轨迹向为平均 8 h,垂直于轨迹向为 1.08 h,沿平台 $-Z$ 向为 35.62 h,显然垂直于轨迹向最优,沿轨迹向其次。

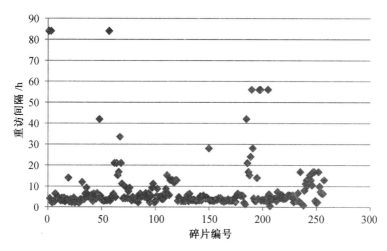

图 6.13　　沿轨迹 X 向搭载碎片重访间隔(最大 84 h,最小 0.52 h,平均 8 h)

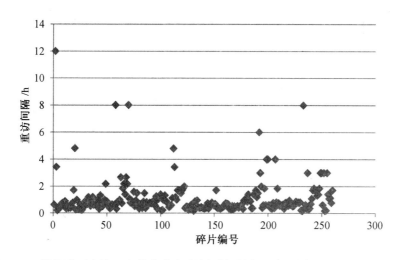

图 6.14　　沿轨道面法线 Y 向搭载碎片重访间隔(最大 12 h,最小 0.16 h,平均 1.08 h)

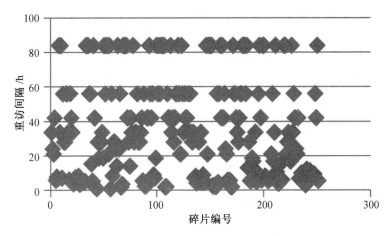

图 6.15　沿平台天顶－Z向搭载碎片重访间隔(最大 84 h,最小 0.84 h,平均 35.62 h)

另外,寄宿载荷的搭载应考虑载荷避光的要求,一般需光规避角不小于 40°。图 6.16～6.18 给出了某典型卫星在一天内,载荷位于平台±Y向、沿轨迹 ±X向、平台天顶－Z向时,寄宿载荷与太阳光线夹角情况。可见,对于搭载于沿轨迹±X向、平台天顶－Z向的载荷,太阳规避角变化周期与轨道周期一致,在一天内频繁变化,为确保载荷工作需要进行频繁的指向规避。因此,也应取沿平台 ±Y向载荷,此时太阳规避角变化周期为一年,便于进行载荷指向规避。因此,从太阳规避角度,宜选择平台±Y向进行寄宿搭载。

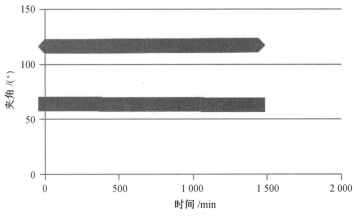

图 6.16　沿平台±Y向载荷太阳规避角

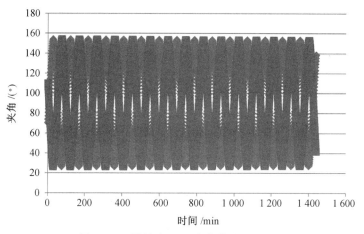

图 6.17　沿轨迹 ± X 向载荷太阳规避角

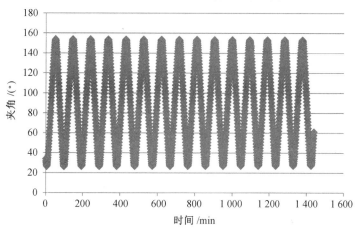

图 6.18　沿平台天顶 － Z 向载荷太阳规避角

第 7 章

空间碎片短弧定轨编目

我国地基探测系统受地域、时间和天气等因素影响不能全天候进行探测;观测视场较小,分辨率不高,无法观测到中小尺寸空间碎片,大尺寸空间碎片探测数量严重不足;自主的空间碎片库尚属初建阶段;空间碎片探测不能连续;缺乏探测高轨空间碎片能力。

天基探测因为探测器与碎片之间的距离近,而且没有大气干扰、不受白天黑夜影响、不受地域的限制,探测的范围比地基系统广,可以在整个轨道空间层面上实现对空间碎片的搜索、测量和监控,同时对重要目标进行跟踪,并实现定位、定轨。整个系统既具备相对较宽的视场角和搜索频率,又具备激光雷达全时段捕获和连续跟踪测量能力,对空间碎片目标自主搜索、跟踪的能力,抗电磁、杂光干扰能力,以及全时段和间歇工作能力。同时,光电综合系统不仅可以探测轨道已有的空间碎片,还可以及时发现航天器的解体和爆炸。由于天基空间碎片探测系统可以对地基空间碎片和空间碎片探测系统进行有效补充和完善,这样,空间碎片天基探测系统和地基空间碎片探测系统就可以组成一个较为完善的空间碎片探测网,对空间碎片进行详尽的监视。

7.1　基于天基探测的空间碎片定轨原理

天基探测卫星采用 CCD 相机对空间碎片进行观测,它是以恒星为背景拍摄空间碎片,在空间碎片观测图像中,拍摄了若干恒星和空间碎片,不同方位的目标在图像上的影像位置不同。由于恒星的方向是已知的,利用坐标量测仪测量空间碎片和恒星在图像上的相对位置就可求得空间碎片的方位信息。通过对基于天基探测的空间碎片定轨原理进行分析建模,建立状态方程和观测方程,进行定轨可行性研究。

利用光学有效载荷探测空间碎片只能获得测角量(α_j,δ_j),无法测得探测器与碎片间的距离。监视卫星同时提供卫星的星历,空间碎片天基探测原理示意图如图 7.1 所示。因此天基空间碎片探测器定轨的测量值包括以下部分:

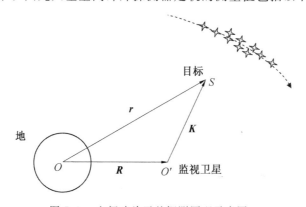

图 7.1　空间碎片天基探测原理示意图

① 探测器的坐标矢量(X_j,Y_j,Z_j);

② 测角量(t_j,α_j,δ_j);

③ 中心天体的质点、坐标原点(地心)O;

④ 探测器 O';

⑤ 空间碎片 S;

⑥ 观测矢量 $\boldsymbol{K}=(\rho_j,\alpha_j,\delta_j)$;

⑦ 探测器坐标矢量 $\boldsymbol{R}=(X_j,Y_j,Z_j)$;

⑧ 空间碎片运动的位置矢量 $\boldsymbol{r}=\boldsymbol{K}+\boldsymbol{R}$。

7.2　空间碎片初始轨道确定

通常所说的初始轨道计算是指二体问题意义下的短弧定轨。相对受摄二体问题意义下的精密定轨（简称精轨）而言，它定出的是初始轨道（Initial Orbit），简称初轨，除直接被引用外，它主要为精密定轨提供初值（或称初始估计），经大量观测资料改进后的初轨就是在一定意义下的精轨。这一过程以往称为轨道改进，现常与定轨有关的一些几何和物理参数同时确定，称为精密定轨。

7.2.1　数学意义上的初轨计算

空间碎片在惯性系的位置矢量为

$$r = \rho \begin{bmatrix} \cos \delta \cos \alpha \\ \cos \delta \sin \alpha \\ \sin \delta \end{bmatrix} + R \tag{7.1}$$

式中　(α, δ)——由拍摄求得的碎片赤道坐标值；

　　　　ρ——空间碎片到监视卫星的距离；

　　　　R——监视卫星在惯性系的位置矢量。

取

$$e_\rho = \begin{bmatrix} \cos \delta \cos \alpha \\ \cos \delta \sin \alpha \\ \sin \delta \end{bmatrix} \tag{7.2}$$

得

$$r = \rho e_\rho + R \tag{7.3}$$

对时间微分，得

$$\dot{r} = \dot{\rho} e_\rho + \rho \dot{e}_\rho + \dot{R} \tag{7.4}$$

$$\ddot{r} = \ddot{\rho} e_\rho + 2\dot{\rho} \dot{e}_\rho + \rho \ddot{e}_\rho + \ddot{R} \tag{7.5}$$

由二体问题运动方程得

$$\ddot{r} = -\frac{\mu}{r^3} r = -\frac{\mu}{r^3} (\rho e_\rho + R) \tag{7.6}$$

$$\ddot{\rho} e_\rho + 2\dot{\rho} \dot{e}_\rho + \rho \ddot{e}_\rho + \ddot{R} = -\frac{\mu}{r^3} (\rho e_\rho + R) \tag{7.7}$$

用 $e_\rho \times \dot{e}_\rho$ 和 $e_\rho \times \ddot{e}_\rho$ 分别点乘式(7.7)两端,得

$$-L\rho = F_1 + \mu G_1 r^{-3} \qquad (7.8)$$

$$2L\dot{\rho} = F_2 + \mu G_2 r^{-3} \qquad (7.9)$$

式中

$$L = (e_\rho \times \dot{e}_\rho) \cdot \ddot{e}_\rho \qquad (7.10)$$

$$F_1 = (e_\rho \times \dot{e}_\rho) \cdot \ddot{R} \qquad (7.11)$$

$$F_2 = (e_\rho \times \ddot{e}_\rho) \cdot \ddot{R} \qquad (7.12)$$

$$G_1 = (e_\rho \times \dot{e}_\rho) \cdot R \qquad (7.13)$$

$$G_2 = (e_\rho \times \ddot{e}_\rho) \cdot R \qquad (7.14)$$

又由几何关系式的平方可求得方程

$$r^2 = \rho^2 + 2(R \cdot e_\rho)\rho + R^2 \qquad (7.15)$$

若 L、F_1、G_1、F_2、G_2 可以求出,则由式(7.8)和式(7.5)迭代求解 r、ρ,再求出 $\dot{\rho}$,则不难由式(7.3)和式(7.4)求出 r、$\dot{r}$,问题得到解决。

计算步骤如下:

① 由拍摄求得碎片赤道坐标值 (α, δ),再由式(7.2)计算得到不同的 e_ρ。对 N 个 e_ρ 进行中心平滑,求出多项式系数

$$e_\rho = \sum_{j=0}^{4} \frac{1}{j!}(t - t_0)^j e_j \qquad (7.16)$$

则

$$e_{\rho 0} = e_0, \quad \dot{e}_{\rho 0} = e_1, \quad \ddot{e}_{\rho 0} = e_2 \qquad (7.17)$$

② 将 $e_{\rho 0}$、$\dot{e}_{\rho 0}$、$\ddot{e}_{\rho 0}$、R_0、$\ddot{R}_0$ 代入式(7.10)~(7.14)求出 L、F_1、G_1、F_2、G_2。

③ 先任意给定一个 r_0 代入式(7.8)求出 ρ_0,再代入式(7.15)求出 r_0,如此反复。

④ 若有不符合约束条件 $r_0 > 0, \rho_0 > 0$ 的情况,则调整 r_0 的值重算。这样循环计算,直到相邻两次 r_0 之差小于精度限值为止,这样就找到了满足式(7.8)和式(7.15)的 r_0 和 ρ_0。

⑤ 将 r_0 代入式(7.9),算出 $\dot{\rho}$,再代入式(7.3)和式(7.4),就计算出 r_0 和 $\dot{r}$。

7.2.2　广义 Laplace 初轨计算

将运动天体所遵循的动力学条件引入测量几何关系,构成初轨计算的基本

方程,就中心天体的扁率摄动和第三体摄动而言,该级数解的形式可写成如下形式:

$$r(t) = F^*(r_0, \dot{r}_0, \Delta t)r_0 + G^*(r_0, \dot{r}_0, \Delta t)\dot{r}_0 \tag{7.18}$$

其中,F^* 和 G^* 由 Δt 的幂级数表达,其具体形式见下文。以此解代入测量几何关系,按分量形式书写如下:

$$\begin{cases} (Fv)x_0 - (F_z\lambda)z_0 + (Gv)\dot{x}_0 - (G_z\lambda)\dot{z}_0 = (vX - \lambda Z) \\ (Fv)y_0 - (F_z\mu)z_0 + (Gv)\dot{y}_0 - (G_z\mu)\dot{z}_0 = (vY - \mu Z) \\ (F\mu)x_0 - (F\lambda)y_0 + (G\mu)\dot{x}_0 - (G\lambda)\dot{y}_0 = (\mu X - \lambda Y) \end{cases} \tag{7.19}$$

对于一次测角采样资料,这三个方程只有 2 个是独立的,至少需要 3 次采样才能定轨。这是关于历元 t_0 时 (x_0, y_0, z_0) 和 $(\dot{x}_0, \dot{y}_0, \dot{z}_0)$ 的形式上的线性代数方程。如果能确定 r_0 和 $\dot{r}_0$,那么再经简单的转换即可给出 t_0 时刻的瞬时轨道——椭圆轨道或双曲线轨道。

只要运动方程的右函数满足一定条件,其满足初始条件的解即存在,且可展成时间间隔 $\Delta t = t - t_0$ 的幂级数,即

$$r(t) = r_0 + r_0^{(1)}\Delta t + \frac{1}{2!}r_0^{(2)}\Delta t^2 + \frac{1}{3!}r_0^{(3)}\Delta t^3 + \cdots + \frac{1}{k!}r_0^{(k)}\Delta t^k + \cdots \tag{7.20}$$

式中 $r_0^{(k)}$——$r(t)$ 对 t 的 k 阶导数在 t_0 点的取值,即

$$r_0^{(k)} = \left(\frac{\mathrm{d}^k r}{\mathrm{d}t^k}\right)_{t=t_0} \tag{7.21}$$

要给出幂级数解满足初始条件的具体形式,就需要计算各阶导数 $r^{(k)}$ 在 t_0 处的值 $r_0^{(k)}$。事实上有

$$r_0^{(1)} = \dot{r}_0 \tag{7.22}$$

而二阶以上各导数值 $r^{(k)}(k \geqslant 2)$ 均可根据运动方程,由 r_0 和 $\dot{r}_0$ 构成,即

$$r^{(k)} = r^{(k)}(t_0, r_0, \dot{r}_0), \quad k \geqslant 2 \tag{7.23}$$

对于无摄运动,F^* 和 G^* 即 F 和 G,式(7.18)简化为

$$r(t) = F(r_0, \dot{r}_0, \Delta t)r_0 + G(r_0, \dot{r}_0, \Delta t)\dot{r}_0 \tag{7.24}$$

对于 $r(t)$ 的三个分量 $x(t)$、$y(t)$、$z(t)$,F 和 G 各具有同一形式,为一数量函数。对于受摄运动,通常相应的 F^* 和 G^* 对于 x、y、z 三个分量各具有不同形式。下面就中心天体扁率摄动和第三体引力摄动给出其具体表达式,相应的摄动加速度为

$$\boldsymbol{F}_g = \left(\frac{3J_2}{2}\right) \left[\left(\frac{5z^2}{r^7} - \frac{1}{r^5}\right)\boldsymbol{r} - \left(\frac{2z}{r^5}\right)\dot{\boldsymbol{k}}\right] - \mu'\left(\frac{\boldsymbol{\Delta}}{\boldsymbol{\Delta}^3} + \frac{\boldsymbol{r}'}{r'^3}\right) \qquad (7.25)$$

为了便于量级分析和公式表达,这里已取适当计算单位使各物理量无量纲化,相应的中心天体的质心引力常数 $u = GM = 1$,$u' = GM'/GM$,m' 是第三体质量。式(7.25)中的 J_2 为中心天体的动力学扁率。其他有关量定义如下:

$$\dot{\boldsymbol{k}} = \begin{bmatrix} 0 \\ 0 \\ 1 \end{bmatrix}, \quad \boldsymbol{\Delta} = \boldsymbol{r} - \boldsymbol{r}' \qquad (7.26)$$

式中　　r'——第三体的坐标矢量。

略去推导过程,并记 $\tau = \Delta t$,直接写出 τ 的级数解如下:

$$\begin{cases} x = F(\boldsymbol{r}_0, \dot{\boldsymbol{r}}_0, \tau)x_0 + G(\boldsymbol{r}_0, \dot{\boldsymbol{r}}_0, \tau)\dot{x}_0 \\ y = F(\boldsymbol{r}_0, \dot{\boldsymbol{r}}_0, \tau)y_0 + G(\boldsymbol{r}_0, \dot{\boldsymbol{r}}_0, \tau)\dot{y}_0 \\ z = F_z(\boldsymbol{r}_0, \dot{\boldsymbol{r}}_0, \tau)z_0 + G_z(\boldsymbol{r}_0, \dot{\boldsymbol{r}}_0, \tau)\dot{z}_0 \end{cases} \qquad (7.27)$$

式中

$$F = 1 + \frac{\tau^2}{2}\left[-\mu_3 + \left(\frac{3J_2}{2}\right)(5\mu_7 z_0^2 - \mu_5) - \mu'\mu'_3\right] +$$

$$\frac{\tau^3}{6}\left\{(3\mu_5\sigma) + \left(\frac{3J_2}{2}\right)\left[5(\mu_7 - 7\mu_9 z_0^2)\sigma + 10\mu_7 z_0 \dot{z}_0\right]\right\} +$$

$$\frac{\tau^4}{24}\left\{\mu_5(3V_0^2 - 2\mu_1 - 15\mu_2\sigma^2) + \left(\frac{3J_2}{2}\right)\left[6\mu_8(4\mu_2 z_0^2 - 1) - \right.\right.$$

$$5\mu_7(7\mu_2 z_0^2 - 1)V_0^2 + 10\mu_7\dot{z}_0 + 35\mu_9(9\mu_2 z_0^2 - 1)\sigma^2 -$$

$$\left.\left.140\mu_9\sigma z_0\dot{z}_0\right] + \mu_3(\mu'\mu'_3)\right\} +$$

$$\frac{\tau^5}{120}\mu_7\left[15\sigma(-3V_0^2 + 2\mu_1 + 7\mu_2\sigma^2)\right] +$$

$$\frac{\tau^6}{720}\mu_7\left[\mu_2\sigma^2(630V_0^2 - 420\mu_1 - 945\mu_2\sigma^2) - \right.$$

$$\left.(22\mu_2 - 66\mu_1 V_0^2 + 45V_0^2)\right] + O(\tau^7)$$

$$G = \tau + \frac{\tau^3}{6}\left[-3\mu_3 + \left(\frac{3J_2}{2}\right)(5\mu_7 z_0^2 - \mu_5) - \mu'\mu'_3\right] +$$

$$\frac{\tau^4}{24}\left\{6\mu_5\sigma + \left(\frac{3J_2}{2}\right)\left[20\mu_7 z_0\dot{z}_0 - 10\mu_7(7\mu_2 z_0^2 - 1)\sigma\right]\right\} +$$

$$\frac{\tau^5}{120}\mu_5\left[9V_0^2 - 8\mu_1 + 45\mu_2\sigma^2\right] +$$

$$\frac{\tau^6}{720}\mu_7[30\sigma(-6V_0^2+5\mu_1+14\mu_2\sigma^2)]+O(\tau^7)$$

$$F_z=F+\left(\frac{3J_2}{2}\right)\left[\frac{\tau^2}{2}-(-2\mu_5)+\frac{\tau^3}{6}(10\mu_7\sigma)+\frac{\tau^4}{24}\mu_7(10V_0^2-6\mu_1-70\mu_2\sigma^2)\right]$$

$$G_z=G+\left(\frac{3J_2}{2}\right)\left[\frac{\tau^3}{6}(-2\mu_5)+\frac{\tau^4}{24}(20\mu_7\sigma)\right]$$

$$\mu_n=\frac{1}{r_0^n},\quad \sigma=\boldsymbol{r}_0\cdot\dot{\boldsymbol{r}}_0,\quad V_0^2=|\dot{\boldsymbol{r}}_0|^2=\dot{\boldsymbol{r}}_0\cdot\dot{\boldsymbol{r}}_0,\quad \mu_3'=\frac{1}{r_0'^3},\quad r_0'=|\boldsymbol{r}_0'|$$

式中 $\boldsymbol{r}_0'$——第三体位置矢量在历元 t_0 时的值，即 $\boldsymbol{r}_0'=\boldsymbol{r}'(t_0)$。

在上述无量纲的表达式中，$|\tau|<1$，级数解是收敛的。对于人造地球卫星而言，$|\tau|<1$ 对应的有量纲物理量——时间间隔 $\Delta t=|t-t_0|<13.446\,8\,\text{min}$，这与初轨计算对应的短弧是相适应的。注意，上述表达式中的 $\sigma=O(e)$，通常是小量。

在上述 F、G 的表达式中，由于 τ 通常较小，只有在 τ 的低次幂中考虑了摄动项，而在 τ^5 以上幂次中未列入相应的结果。要推导 τ 高次幂中的摄动项并无任何困难。不仅如此，对于其他类型的摄动，只要给出相应的数学模型，总是可以导出相应的 F、G 的表达式。

7.3 基于天基探测的空间碎片轨道改进

7.3.1 状态方程

假定在 t_i 时刻由基于观测卫星 CCD 相机拍摄计算得到的碎片赤经和赤纬得到一组观测为

$$\boldsymbol{Y}_i=[\alpha_d\quad \delta_d]^{\text{T}}$$

状态方程可写成

$$\boldsymbol{Y}_i=\boldsymbol{G}(\boldsymbol{X}_i,t_i)+\boldsymbol{v}_i \tag{7.28}$$

式中 $\boldsymbol{X}_i$——空间碎片在 t_i 时刻的状态矢量（包括位置和速度）；

$\boldsymbol{G}(\boldsymbol{X}_i,t_i)$——观测数据 $\boldsymbol{Y}_i$ 对应的真值；

$\boldsymbol{v}_i$——$\boldsymbol{Y}_i$ 的观测误差。

空间碎片在 t_i 时刻的状态矢量 $\boldsymbol{X}_i$ 与某历元时刻的状态矢量 $\boldsymbol{X}_0$ 存在某种函

数关系,即

$$\boldsymbol{X}_i = \theta_i(\boldsymbol{X}_0, t_0, t_i) \qquad (7.29)$$

将式(7.28)代入式(7.29)得到

$$\boldsymbol{Y}_i = \boldsymbol{G}(\theta_i(\boldsymbol{X}_0, t_0, t_i), t_i) + \boldsymbol{v}_i = \widetilde{\boldsymbol{G}}_i(\boldsymbol{X}_0, t_0, t_i) + \boldsymbol{v}_i \qquad (7.30)$$

对于在某时间区间上的 m 维观测矢量 $\boldsymbol{Y}$,定义

$$\boldsymbol{Y} = \begin{bmatrix} \boldsymbol{Y}_1 \\ \boldsymbol{Y}_2 \\ \vdots \\ \boldsymbol{Y}_m \end{bmatrix}, \quad \widetilde{\boldsymbol{G}} = \begin{bmatrix} \widetilde{\boldsymbol{G}}_1(\boldsymbol{X}_0, t_0, t_1) \\ \widetilde{\boldsymbol{G}}_2(\boldsymbol{X}_0, t_0, t_2) \\ \vdots \\ \widetilde{\boldsymbol{G}}_m(\boldsymbol{X}_0, t_0, t_m) \end{bmatrix}, \quad \boldsymbol{V} = \begin{bmatrix} \boldsymbol{v}_1 \\ \boldsymbol{v}_2 \\ \vdots \\ \boldsymbol{v}_m \end{bmatrix} \qquad (7.31)$$

则有

$$\boldsymbol{Y} = \widetilde{\boldsymbol{G}}(\boldsymbol{X}_0, t_0, t) + \boldsymbol{V} \qquad (7.32)$$

假定状态矢量的初始值 $\boldsymbol{X}^*$ 与实际轨道足够接近,则可将实际轨道在 $\boldsymbol{X}^*$ 处进行泰勒展开。令

$$\boldsymbol{x}(t) = \boldsymbol{X}(t) - \boldsymbol{X}^*(t) \qquad (7.33)$$

则

$$\dot{\boldsymbol{X}} = \boldsymbol{F}(\boldsymbol{X}, t) = \boldsymbol{F}(\boldsymbol{X}^*, t) + \left(\frac{\partial \boldsymbol{F}}{\partial \boldsymbol{X}}\right)^* \boldsymbol{x} + \cdots$$

$$\boldsymbol{Y} = \boldsymbol{G}(\boldsymbol{X}, t) + \boldsymbol{V} = \boldsymbol{G}(\boldsymbol{X}^*, t) + \left(\frac{\partial \boldsymbol{G}}{\partial \boldsymbol{X}}\right)^* \boldsymbol{x} + \cdots + \boldsymbol{V} \qquad (7.34)$$

略去高阶项,并令 $\boldsymbol{Y}^* = \boldsymbol{G}(\boldsymbol{X}^*, t)$,则得

$$\begin{cases} \dot{\boldsymbol{x}} = \dot{\boldsymbol{X}} - \dot{\boldsymbol{X}}^* = \boldsymbol{A}(t)\boldsymbol{x} \\ \boldsymbol{y} = \boldsymbol{Y} - \boldsymbol{Y}^* = \widetilde{\boldsymbol{H}}\boldsymbol{x} + \boldsymbol{V} \end{cases} \qquad (7.35)$$

式中

$$\boldsymbol{A}(t) = \frac{\partial \boldsymbol{F}}{\partial \boldsymbol{X}}\bigg|_{\boldsymbol{X}^*}$$

$$\widetilde{\boldsymbol{H}} = \frac{\partial \boldsymbol{G}}{\partial \boldsymbol{X}}\bigg|_{\boldsymbol{X}^*}$$

式(7.35)第一式的一般解为

$$\boldsymbol{x} = \boldsymbol{\Phi}(t, t_0)\boldsymbol{x}_0 \qquad (7.36)$$

式中　$\boldsymbol{\Phi}(t, t_0)$ —— 状态转移矩阵,它有如下性质:

$$\begin{cases} \boldsymbol{\Phi}(t_0,t_0) = \boldsymbol{I} \\ \boldsymbol{\Phi}(t,t_0) = \boldsymbol{\Phi}(t,t')\boldsymbol{\Phi}(t',t_0) \\ \boldsymbol{\Phi}(t,t_0) = \boldsymbol{\Phi}^{-1}(t_0,t) \end{cases} \tag{7.37}$$

由式（7.36）可得

$$\dot{\boldsymbol{x}} = \boldsymbol{\Phi}'(t,t_0)\boldsymbol{x}_0 \tag{7.38}$$

$$\boldsymbol{\Phi}'(t,t_0)\boldsymbol{x}_0 = \boldsymbol{A}(t)\boldsymbol{\Phi}(t,t_0)\boldsymbol{x}_0 \tag{7.39}$$

即

$$\dot{\boldsymbol{\Phi}}(t,t_0) = \boldsymbol{A}(t)\boldsymbol{\Phi}(t,t_0) \tag{7.40}$$

式（7.40）即为 $\boldsymbol{\Phi}(t,t_0)$ 的微分方程，其初始条件为

$$\boldsymbol{\Phi}(t,t_0) = \boldsymbol{I} \tag{7.41}$$

将式（7.39）代入式（7.35）的第二式，得

$$\boldsymbol{y} = \widetilde{\boldsymbol{H}}\boldsymbol{x} + \boldsymbol{V} = \widetilde{\boldsymbol{H}}\boldsymbol{\Phi}(t,t_0)\boldsymbol{x}_0 + \boldsymbol{V} = \boldsymbol{H}\boldsymbol{x}_0 + \boldsymbol{V} \tag{7.42}$$

式中

$$\boldsymbol{H} = \widetilde{\boldsymbol{H}}\boldsymbol{\Phi}(t,t_0)$$

7.3.2 Kalman 滤波定轨算法

在 $t_1 \sim t_m$ 时间内取得了一系列观测数据 $\boldsymbol{y} = [y_1, y_2, \cdots, y_m]^{\mathrm{T}}$，假定其观测残差 $\boldsymbol{V} = [v_1, v_2, \cdots, v_m]^{\mathrm{T}}$ 具有下列统计特性：

$$\begin{cases} E[v_j] = 0 \\ E[v_i v_j] = p_j^{-1}\delta_{i,j}, \quad i,j = 1,2,\cdots,m \end{cases} \tag{7.43}$$

式中　p_j——观测权，$p_j = \sigma^2/\sigma_i^2$，其中 σ^2 为验前单位权方差，σ_i^2 为观测中误差；

$$\delta_{i,j} = \begin{cases} 1, & i=j \\ 0, & i \neq j \end{cases} \tag{7.44}$$

则观测数据可写成如下形式：

$$\begin{cases} y_1 = H_1 x_0 + v_1; p_1 \\ y_2 = H_2 x_0 + v_2; p_2 \\ \quad\vdots \\ y_m = H_m x_0 + v_m; p_m \end{cases} \tag{7.45}$$

把各观测量的权写成权矩阵形式为

$$P = \begin{bmatrix} p_1 & & & 0 \\ & p_2 & & \\ & & \ddots & \\ 0 & & & p_m \end{bmatrix} \tag{7.46}$$

则可得到扩展的抗差 Kalman 自适应滤波定轨方法,即

$$\hat{x}_k = \bar{x}_k + K_k(y_k - H_k\bar{x}_k) \tag{7.47}$$

$$K_k = \bar{P}_k H_k^{\mathrm{T}}(H_k\bar{P}_k H_k^{\mathrm{T}} + \bar{R}_k)^{-1} \tag{7.48}$$

$$\hat{P}_k = (I - K_k H_k)\bar{P}_k \tag{7.49}$$

式中　　K_k——增益矩阵;

　　　　$\bar{R}$——抗差 M 估计得到的等价协方差矩阵;

　　　　$\bar{x}_k$、$\bar{P}_k$——t_k 时刻的状态、协方差矩阵预报值,有

$$\bar{x} = \boldsymbol{\Phi}(t_k, t_{k-1})\hat{x}_{k-1} \tag{7.50}$$

$$\bar{P}_k = \boldsymbol{\Phi}(t_k, t_{k-1})\hat{P}_{k-1}\boldsymbol{\Phi}^{\mathrm{T}}(t_k, t_{k-1}) + \boldsymbol{\Gamma}_{k-1}Q_{k-1}\boldsymbol{\Gamma}_{k-1}^{\mathrm{T}} \tag{7.51}$$

式中　　$\boldsymbol{\Gamma}_{k-1}$——动态噪声转移矩阵;

　　　　Q——动态噪声矩阵,它可由抗差自适应方法获得。

　　采用扩展的抗差 Kalman 自适应滤波定轨方法,以增强定轨方法的实时性、可靠性,保证 Kalman 滤波不发散。空间碎片的轨道是一个非线性系统,为了使观测方程在线性化过程中略去高阶项带来的误差影响达到最小,可采用推广形式,即在每一个观测时刻,用 Kalman 滤波的估值去修正参考轨道,以反映真实轨道的最佳估值。如在 t_k 时刻观测值被处理后,参考轨道就修正为

$$\hat{X}_k = X_k^* + \hat{x}_k \tag{7.52}$$

然后,参考轨道和状态转移矩阵的积分重新初始化,方程向前积分到 t_{k+1} 时刻,得到 x_{k+1} 的估值为

$$\hat{x}_{k+1} = K_{k+1} + y_{k+1} \tag{7.53}$$

式中 K_{k+1} 和 y_{k+1} 是基于新参考轨道计算的。扩展的抗差 Kalman 自适应滤波精密确定空间碎片轨道流程图如图 7.2 所示。

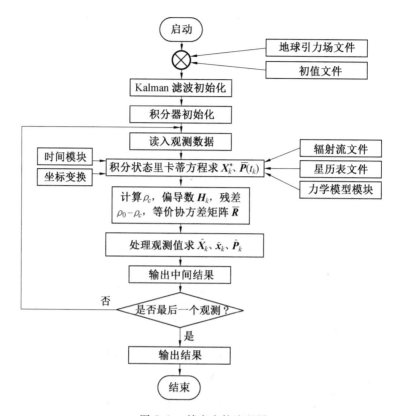

图 7.2 精密定轨流程图

第 8 章

空间碎片碰撞预警

空间碎片碰撞概率的计算是航天器进行空间碎片碰撞预警和防撞规避机动的基础。空间碎片碰撞概率的计算一般基于如下假设：

① 已知两个目标相遇期间某时刻在惯性系中的位置速度矢量，两个空间碎片均等效为半径已知的球体。

② 在相遇期间两个目标的运动都是匀速直线运动，并且没有速度不确定性，这样位置误差椭球在相遇期间就保持不变。

③ 两个目标的位置误差均服从 3 维正态分布，可以由分布中心和位置误差协方差矩阵描述。

当两个目标间的距离小于它们等效半径之和时发生碰撞，所以碰撞概率就定义为两个目标间的最小距离小于它们等效半径之和的概率。碰撞概率计算需要的参数包括：在交会时刻航天器的位置矢量；在交会时刻空间碎片的位置矢量；在交会时刻航天器的标准偏差矩阵；在交会时刻空间碎片的标准偏差矩阵。其中前两项可由轨道计算得到；后两项则由统计分析得到。对于在轨航天器而言，规避机动的概率黄色阈值（Yellow Threshold）是 $P_{cy} = 10^{-5}$，红色阈值（Red Threshold）是 $P_{cr} = 10^{-4}$。当 P_c 大于黄色阈值时，只要机动不会对主要任务和有效载荷造成冲击，就会开动机动发动机进行机动；当 P_c 大于红色阈值时，只要机动不会造成航天器硬件损坏或产生附加的碰撞风险，就会采取机动。在 P_c 方法中,必须使航天器和危险目标的碰撞概率在机动后降到10^{-7}以下。

8.1 空间碎片筛选

为了减少计算量,必须进行接近过程分析和危险目标筛选工作,即在进行高精度轨道预报之前,从大量在轨目标中快速排除与所关心航天器轨道不可能相交的目标,筛选出可能与航天器相撞或与航天器距离小于某一值的目标,进行进一步的轨道预报和误差分析。航天器与空间碎片的碰撞预警实际上就是一种排除过程,即通过判断把大多数不会与航天器碰撞的空间碎片排除掉,将可能与航天器碰撞的空间碎片挑选出来。从而直接避免这些无威胁碎片与空间碎片之间交会关系、碰撞概率等的计算。筛选的步骤通常可排除90%的空间碎片,从而大幅度提高预警的计算效率。空间碎片之间碰撞的排除,常用的筛选方法有近地点－远地点筛选法、轨道间最小距离筛选法和时间筛选法等。

8.1.1 近地点－远地点筛选法

假设目标航天器轨道S近地点高度为h_p,远地点高度为h_a,则那些远地点高度小于h_p的物体($h_{a2} < h_p$),或近地点高度大于h_a($h_{p2} > h_a$)的物体,显然绝无可能与S相交,首先可以剔除,如图8.1所示。这种筛选方法称为近地点－远地点筛选法,其中依靠远地点高度小于h_p进行筛选的方法称为近地点筛选法;依靠近地点高度大于h_a进行筛选的方法称为远地点筛选法。由于空间碎片的轨道传播存在误差,这里需要选择大于一般误差值的冗余值作为阈值,利用近地点－远地点筛选法对空间碎片进行筛选。针对近地点筛选法,选择标准如下式所示:

$$h_p - h_{a2} < \xi_p \qquad (8.1)$$

式中 ξ_p—— 近地点筛选法筛选空间碎片的阈值。

由于空间碎片轨道传播的误差,空间碎片的瞬时远地点高度仅小于航天器的近地点不足以表明没有碰撞的可能;而当两者之差小于阈值时可认为碰撞基本不可能发生,可排除。

针对远地点筛选法,选择标准如下式所示:

$$h_{p2} - h_a > \xi_a \qquad (8.2)$$

式中 ξ_a —— 远地点筛选法筛选空间碎片的阈值。

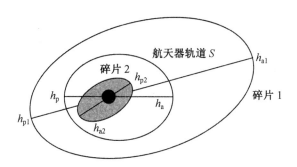

图 8.1 近地点－远地点筛选法

由于空间碎片轨道传播的误差,空间碎片的瞬时近地点高度仅大于航天器的远地点不足以表明没有碰撞的可能;而当两者之差大于阈值时可认为碰撞基本不可能发生,可排除。

远、近地点高度的计算可通过瞬时两行轨道根数(Two Line Element,TLE)中的半长轴 a 和偏心率 e 计算得到,公式如下:

$$\begin{cases} h_p = a(1-e) \\ h_a = a(1+e) \end{cases} \tag{8.3}$$

这里选择阈值至关重要,如果阈值选择过大,则不能排除过多的无威胁碎片,造成后面的计算过多,影响计算的效率,起不到快速筛选的作用;而如果阈值选择过小,则有筛除威胁碎片的可能。另外,考虑不同轨道高度的碎片误差的大小不同,且关注的最小碰撞距离之间存在区别,在此设定阈值的计算如下:

$$\xi_a = \xi_p = \delta_x \cdot \mu \tag{8.4}$$

当碎片与航天器之间的最小距离小于等于 δ_x 时认为存在威胁,需要特别关注并保存结果。针对不同高度的碎片其 δ_x 值不同,在此认为轨道近地点高度小于 10 000 km 的为低轨卫星,δ_x 值取为 10 km;近地点高度大于等于 10 000 km 的为高轨卫星,δ_x 值取为 100 km。式(8.4)中 μ 表示系数,取值应大于 1,从而防止因利用瞬间两行轨道根数得到的近地点和远地点不精准而造成漏筛,在软件设计中考虑碎片的轨道预报误差规律,该值取为 1.3。

8.1.2 轨道间最小距离筛选法

根据卫星相对运动规律可知,碰撞只有可能发生在两个物体的轨道面的交线附近。如图 8.2 所示,任何两个非共面物体只有可能相交在交线上相距 180° 的两个位置。根据球面三角和矢量分析可以确定轨道面的交线位置与两个物体通过交线的地心距之差,即为两个物体轨道间最小距离 r_{min1} 和 r_{min2},排除距离超过警戒距离(事先定好的两个物体距离警戒阈值)的物体。该筛选方法称为轨道间最小距离筛选法,同样由于轨道六根数的表示方法带来的误差,需要利用阈值避免可能威胁的去除。这里选定该值为 ξ_r,计算方法如下:

$$\xi_r = \delta_x \cdot \mu$$

式中参数取值与近地点-远地点筛选法用到的参数完全相同。

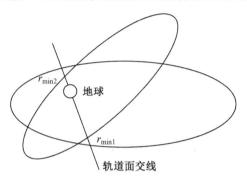

图 8.2　轨道间最小距离筛选法

8.1.3　时间筛选法

两个目标之间的碰撞,总发生在两个目标轨道面交线附近,但目标到达交点的时间同样决定了两者是否有碰撞的可能,为此给出另一判断标准——两个目标到达交点的时间差不超过阈值 ξ_t,则认为两者具有碰撞的可能性,而大于该阈值时认为没有碰撞的可能性。该筛选原则称为时间筛选法,判断公式如下:

$$|t_c - t_s| > \xi_t$$

式中　t_c——飞行器到达交点的时刻;

t_s——空间碎片到达同一交点的时刻。

若 ξ_t 大于阈值则去除该空间碎片的威胁可能。根据两行轨道根数的精度和预警期(N 天)长短,ξ_t 可选为

$$\xi_t = 1' astN^2$$

上述判断方法归结如下:

① 高度筛选法。计算两个目标轨道面的交线,判断两个目标通过交线处的地心距,排除那些地心距相差较大的目标,选出地心距相差较小的目标。

② 时间筛选法。对于选出的地心距相差较小的目标(这时目标数量已很少),再计算卫星和空间碎片通过交线的时间,当时间差很小时,发出碰撞预警。

上述两种方法的判断都需要计算两个目标轨道面的交线,之后得到两者到达该交线时的轨道高度以及对应的时间。下面首先介绍两个目标轨道面交线的计算方法。

1. 计算两个目标轨道面的交线

图 8.3 所示为卫星与空间碎片的轨道投影的天球图。C 表示交点,θ 为交角,i_0、i_1 为各自的轨道倾角,A、B 为轨道升交点,弧 AB 为两者的升交点赤经差 $\Delta\Omega$,弧 AC 表示卫星从其升交点到交点的弧长 u_0,弧 BC 表示碎片从其升交点到交点的弧长 u_1。解球面三角形得到

$$\cos \theta = \cos i_1 \cos i_0 + \sin i_1 \sin i_0 \cos \Delta\Omega \tag{8.5}$$

$$\sin u_1 = \frac{\sin \Delta\Omega}{\sin \theta} \sin i_1 \tag{8.6}$$

$$\sin u_0 = \frac{\sin \Delta\Omega}{\sin \theta} \sin i_0 \tag{8.7}$$

即可计算 u_0、u_1(分别为升段、降段),给出了升(降)段的 u_0、u_1,就可确定两个目标轨道面的交线。

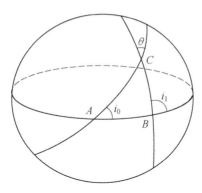

图 8.3　轨道投影

2. 碰撞点位置计算

得到上述交线位置之后,需要进一步确定碰撞点的位置以及在预警期间轨道过该交点的时刻,从而利用高度筛选法和时间筛选法进行判断与航天器交会的空间碎片是否为危险目标。上述判断是根据两个空间碎片的相对距离而定的。实际上对于空间碎片,有时不仅需要知道其对航天器的危险程度,还需要知道碰撞点的轨道位置,因此本节将给出碰撞点轨道位置计算的有关公式。

（1）共面轨道碰撞点位置计算。

当航天器轨道与空间碎片轨道共面时，为了求解共面的轨道位置，首先假定航天器轨道参数和空间碎片轨道参数分别为 a_1、e_1、ω_1、M_1、i、Ω 和 a_2、e_2、ω_2、M_2、i、Ω。对于共面轨道，由于两个轨道交点的纬度俯角是一致的，并且地心距相等，因此有

$$\frac{P_1}{1+e_1\cos(u-\omega_1)}=\frac{P_2}{1+e_2\cos(u-\omega_2)} \tag{8.8}$$

式中

$$P_1=a_1(1-e_1^2), \quad P_2=a_1(1-e_2^2)$$

对式(8.8)进行变换，则有

$$P_1e_2\cos(u-\omega_2)-P_2e_1\cos(u-\omega_1)=P_2-P_1 \tag{8.9}$$

将式(8.9)展开为

$$(P_1e_2\cos\omega_2-P_2e_1\cos\omega_1)\cos u+(P_1e_2\sin\omega_2-P_2e_1\sin\omega_1)\sin u=P_2-P_1 \tag{8.10}$$

将式(8.10)进行整理，并且为了公式的书写方便，令

$$A=\frac{P_1e_2\cos\omega_2-P_2e_1\cos\omega_1}{P_2-P_1} \tag{8.11}$$

$$B=\frac{P_1e_2\sin\omega_2-P_2e_1\sin\omega_1}{P_2-P_1} \tag{8.12}$$

则式(8.10)可以简化为

$$A\cos u+B\sin u=1 \tag{8.13}$$

在式(8.13)中，如果再令

$$\lambda=\sqrt{A^2+B^2} \tag{8.14}$$

$$\sin\alpha=\frac{A}{\lambda} \tag{8.15}$$

$$\cos\alpha=\frac{B}{\lambda} \tag{8.16}$$

则式(8.13)可进一步简化为

$$\sin(\alpha+u)=\frac{1}{\lambda} \tag{8.17}$$

因此最后可以求出两个共面轨道交会时的纬度幅角是

$$u=\sin^{-1}\left(\frac{1}{\lambda}\right)-\alpha \tag{8.18}$$

和

$$u = \pi - \sin^{-1}\left(\frac{1}{\lambda}\right) - \alpha \qquad (8.19)$$

上述仅考虑了航天器和空间碎片轨道共面且同向运行的情况,如果航天器和空间碎片轨道共面,但运行方向不同(顺行轨道和逆行轨道),碰撞点的轨道位置的求解如下。在推导过程中,如果假定航天器在碰撞点的纬度幅角为 u,则与其逆行的空间碎片的纬度幅角为 $\pi - u$,因此有

$$\frac{P_1}{1 + e_1 \cos(u - \omega_1)} = \frac{P_2}{1 + e_2 \cos[\pi - (u + \omega_2)]} \qquad (8.20)$$

利用 $\cos[\pi - (u + \omega_2)] = -\cos(u + \omega_2)$,则式(8.20)可化为

$$(P_1 e_2 \cos \omega_2 + P_2 e_1 \cos \omega_1)\cos u + (P_2 e_1 \sin \omega_1 - P_1 e_2 \sin \omega_2)\sin u = P_1 - P_2$$
$$(8.21)$$

对式(8.21)进行简化,为了书写方便,令

$$A = \frac{P_1 e_2 \cos \omega_2 + P_2 e_1 \cos \omega_1}{P_1 - P_2} \qquad (8.22)$$

$$B = \frac{P_2 e_1 \sin \omega_1 - P_1 e_2 \sin \omega_2}{P_1 - P_2} \qquad (8.23)$$

则式(8.21)可以简化为

$$A\cos u + B\sin u = 1 \qquad (8.24)$$

如果令

$$\lambda = \sqrt{A^2 + B^2} \qquad (8.25)$$

$$\sin \alpha = \frac{A}{\lambda} \qquad (8.26)$$

$$\cos \alpha = \frac{B}{\lambda} \qquad (8.27)$$

则式(8.24)可进一步简化为

$$\sin(\alpha + u) = \frac{1}{\lambda} \qquad (8.28)$$

因此可以求出航天器与空间碎片共面轨道交会点的纬度辐角(相对于航天器来说)是

$$u = \arcsin \frac{1}{\lambda} - \alpha \qquad (8.29)$$

和

$$u = \pi - \arcsin \frac{1}{\lambda} - \alpha \tag{8.30}$$

在求出共面航天器和空间碎片碰撞点的纬度幅角后,可以利用下述公式计算航天器和空间碎片在碰撞点的真近点角:

$$f_1 = u - \omega_1 \tag{8.31}$$

$$f_2 = u - \omega_2 \tag{8.32}$$

再利用下述公式可分别求出碰撞点相对于航天器和空间碎片的偏远、近点 E_1 和 E_2:

$$\cos E_1 = \frac{\cos f_1 + e_1}{1 + e_1 \cos f_1} \tag{8.33}$$

$$\sin E_1 = \frac{\sqrt{1 - e_1^2} \sin f_1}{1 + e_1 \cos f_1} \tag{8.34}$$

和

$$\cos E_2 = \frac{\cos f_2 + e_2}{1 + e_2 \cos f_2} \tag{8.35}$$

$$\sin E_2 = \frac{\sqrt{1 - e_2^2} \sin f_2}{1 + e_2 \cos f_2} \tag{8.36}$$

至此有关航天器和空间碎片共面碰撞点轨道位置计算的公式推导完毕。在求出交点的纬度幅角后,可以利用前面提供的计算公式,计算碰撞点的相对距离以及在预警期间过该点的时间。

(2)非共面轨道碰撞点位置计算。

如果航天器与其他空间碎片轨道平面不同,为了求出非共面轨道碰撞点的轨道位置,推导过程如下:首先假定一个垂直轨道平面且与主法线同向的单位矢量$(0,0,1)$,利用坐标变换可将该单位矢量用地心赤道惯性坐标系表示为

$$\begin{bmatrix} x_1 \\ y_1 \\ z_1 \end{bmatrix} = \begin{bmatrix} \cos \Omega_1 & -\sin \Omega_1 & 0 \\ \sin \Omega_1 & \cos \Omega_1 & 0 \\ 0 & 0 & 1 \end{bmatrix} \begin{bmatrix} 1 & 0 & 0 \\ 0 & \cos i_1 & \sin i_1 \\ 0 & \sin i_1 & \cos i_1 \end{bmatrix} \begin{bmatrix} \cos \omega_1 & -\sin \omega_1 & 0 \\ \sin \omega_1 & \cos \omega_1 & 0 \\ 0 & 0 & 1 \end{bmatrix} \begin{bmatrix} 0 \\ 0 \\ 1 \end{bmatrix} \tag{8.37}$$

因此可得 $\boldsymbol{r}_1 = (x_1, y_1, z_1)$ 的计算结果如下:

$$\begin{cases} x_1 = \sin \Omega_1 \sin i_1 \\ y_1 = -\cos \Omega_1 \sin i_1 \\ z_1 = \cos i_1 \end{cases} \tag{8.38}$$

假定 r_2 是在空间碎片轨道面内与其向径 r 同向的单位矢量，则根据坐标转换可得 $r_2 = (x_2, y_2, z_2)$ 的计算结果如下：

$$\begin{cases} x_2 = \cos \Omega_2 \cos u_2 - \sin \Omega_2 \sin u_2 \cos i_2 \\ y_2 = \sin \Omega_2 \cos u_2 + \cos \Omega_2 \sin u_2 \cos i_2 \\ z_2 = \sin i_2 \sin u_2 \end{cases} \tag{8.39}$$

由于航天器和空间碎片两个轨道面的交线既在航天器的轨道面内，又在空间碎片的轨道平面内，因此两个单位矢量垂直，则有

$$r_1 \cdot r_2 = 0 \tag{8.40}$$

$$|r_1 \times r_2| = 1 \tag{8.41}$$

将 r_1、r_2 具体的表达式代入式(8.40)和式(8.41)，则有

$$x_1 x_2 + y_1 y_2 + z_1 z_2 = 0 \tag{8.42}$$

$$\sqrt{(y_1 z_2 - z_1 y_2)^2 + (z_1 x_2 - x_1 z_2)^2 + (x_1 y_2 - y_1 x_2)^2} = 1 \tag{8.43}$$

为了书写方便，定义

$$\begin{cases} A_1 = \sin \Omega_1 \sin i_1 \\ B_1 = -\cos \Omega_1 \sin i_1 \\ C_1 = \cos i_1 \end{cases} \tag{8.44}$$

$$\begin{cases} A_2 = \sin \Omega_2 \sin i_2 \\ B_2 = -\cos \Omega_2 \sin i_2 \\ C_2 = \cos i_2 \end{cases} \tag{8.45}$$

因此有

$$A_1(\cos \Omega_2 \cos u_2 - A_2 \sin u_2) + B_1(\sin \Omega_2 \cos u_2 + B_2 \sin u_2) + C_1 C_2 \sin u_2 = 0 \tag{8.46}$$

经过整理可得

$$(A_1 \cos \Omega_2 + B_1 \sin \Omega_2) \cos u_2 + (C_1 C_2 + B_1 B_2 - A_1 A_2) \sin u_2 = 0 \tag{8.47}$$

再令

$$\begin{cases} A = A_1 \cos \Omega_2 + B_1 \sin \Omega_2 \\ B = C_1 C_2 + B_1 B_2 - A_1 A_2 \end{cases} \tag{8.48}$$

则式(8.47)进一步简化为

$$A \cos u_2 + B \sin u_2 = 0 \tag{8.49}$$

取 $L = \sqrt{A^2 + B^2}$，$\sin \alpha = \dfrac{A}{L}$，$\cos \alpha = \dfrac{B}{L}$，则有

$$\sin \alpha \cos u_2 + \cos \alpha \sin u_2 = 0 \qquad (8.50)$$

因此可得

$$\sin(\alpha + u_2) = 0 \qquad (8.51)$$

最后可以解得

$$u_2 = -\alpha \qquad (8.52)$$

和

$$u_2 = \pi - \alpha \qquad (8.53)$$

当求出航天器与空间碎片的碰撞点相对于空间碎片轨道纬度幅角 u_2 后,利用球面三角形知识可以求得碰撞点相对于航天器轨道的纬度幅角,即

$$\sin u_1 = \frac{\sin u_2}{\sin i_2} \sin i_1 \qquad (8.54)$$

$$\cos u_1 = \cos u_2 \cos(\Omega_2 - \Omega_1) - \sin u_2 \sin(\Omega_1 - \Omega_2) \cos i_2 \qquad (8.55)$$

联立求解上述方程,即可得到碰撞点相对于航天器轨道的纬度幅角 u_1,再利用下述公式计算碰撞点相对于航天器和空间碎片轨道的真近点角:

$$f_1 = u_1 - \omega_1 \qquad (8.56)$$

$$f_2 = u_2 - \omega_2 \qquad (8.57)$$

至此有关航天器和空间碎片非共面碰撞点轨道位置计算的公式推导完毕。上述公式仅对航天器和空间碎片非共面轨道适用。

8.1.4　筛选模块总结

综上所述,对空间碎片筛选的方法包括:近地点筛选法、远地点筛选法、轨道间最小距离筛选法、时间筛选法。这些方法可以单一使用,也可以同时使用达到高效去除无威胁碎片的效果。由于方法之间存在计算简易的区别,将简单的算法放置于最前则有利于计算效率的提高。为此在整个筛选算法中将计算简易的近地点筛选法和远地点筛选法置于前面,之后进行轨道间最小距离筛选法和时间筛选法。针对每一个空间碎片筛选的流程如下(图8.4):

① 给定筛选的阈值、目标与空间碎片的 TLE 轨道根数、预警的起始时间与预警的天数。

② 通过 TLE 数据得到对应的轨道六根数,并进一步计算目标和空间碎片的近地点和远地点高度。

③ 对比空间碎片与目标的远、近地点高度,根据远、近地点筛选法判断该碎

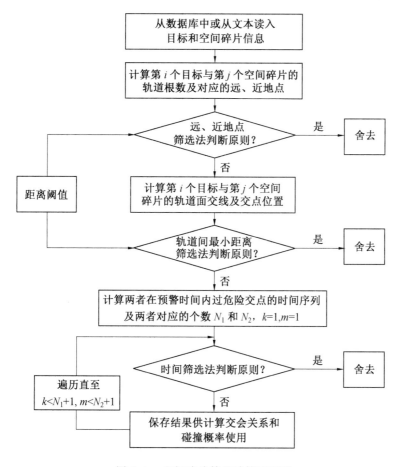

图 8.4　空间碎片筛选计算流程图

片是否存在威胁,若不存在威胁,则直接去除该碎片,转为对下一个碎片的筛选;若存在威胁,则继续使用其他筛选方法 —— 轨道间最小距离筛选法和时间筛选法。

④ 在使用轨道间最小距离筛选法和时间筛选法之前对两者的轨道面交线进行计算,确认两个交点的位置。

⑤ 通过两个交点的高度差基于轨道间最小距离筛选法进行判断,如果两个交点高度差都大于高度差的阈值,则去除并进行下一个碎片的筛选,如果存在至少一个交点的高度差不大于高度差的阈值,则进一步计算两者过威胁交点的时间,从而利用时间筛选法进行判断。

⑥ 在预警期间,轨道可能多次经过轨道间最小距离筛选法得到危险交点(1 或 2 个),需要对每一次威胁都进行计算。为此确定预警期间两者轨道的周期数,

从而通过交点的相位得到各过危险交点的时间,对比预警期间针对同一危险交点的交会时间,如果存在小于时间筛选法的阈值的解,则表明危险,并在算法中对该危险结果进行储存,以便后面计算相对碰撞关系时用到;若无满足碰撞威胁的解,则转为计算下一个空间碎片是否有碰撞的威胁。

8.2 航天器与空间碎片交会关系分析

上述筛选可快速地去除无威胁的空间碎片,而剩余的空间碎片是否真的有威胁,需要继续计算空间碎片与目标航天器之间的交会关系和碰撞概率。且碰撞概率的计算依赖于交会关系,在此介绍如何计算交会关系。首先针对以上得到的结果介绍一种简易的交会关系计算方法。

8.2.1 简易交会关系计算方法

1. 相对碰撞速度计算

已经求出了碰撞点的轨道位置,本节将主要给出碰撞点相对碰撞速度的大小和方向。在计算过程中,为了方便,假定航天器在碰撞点的轨道参数为 a_1、e_1、i_1、Ω_1、ω_1、u_1,空间碎片在碰撞点的轨道参数为 a_2、e_2、i_2、Ω_2、ω_2、u_2。在地心轨道平面坐标系中,坐标原点位于地球几何中心,OX 轴指向轨道近地点,OY 轴在轨道面内与 OX 轴垂直沿卫星运行方向为正,X、Y、Z 轴构成右手系。因此对于航天器来说,其速度沿地心赤道平面坐标系的分量是

$$v_{xs} = \dot{r} = \frac{\sqrt{a_1 u e_1}}{a_1(1 - e_1 \cos E_1)} \sin E_1 \tag{8.58}$$

$$v_{ys} = r\dot{f} = \frac{\sqrt{a_1 u(1 - e_1^2)}}{a_1(1 - e_1 \cos E_1)} \tag{8.59}$$

$$v_{zs} = 0 \tag{8.60}$$

式中 E_1 —— 碰撞点航天器轨道的偏近点角,且

$$\cos E_1 = \frac{\cos(u_1 - \omega_1) + e_1}{1 + e_1 \cos(u_1 - \omega_1)} \tag{8.61}$$

$$\sin E_1 = \frac{\sqrt{1 - e_1^2} \sin(u_1 - \omega_1)}{1 + e_1 \cos(u_1 - \omega_1)} \tag{8.62}$$

式中 u_1 —— 碰撞点航天器轨道的纬度幅角。

同理可以求出空间碎片在碰撞点地心赤道平面坐标系中的速度分量是

$$
\begin{cases}
v_{xd} = \dot{r} = \dfrac{\sqrt{a_1 u e_2}}{a_2(1 - e_2 \cos E_2)} \sin E_2 \\[4mm]
v_{yd} = \dot{r}f = \dfrac{\sqrt{a_2 u(1 - e_2^2)}}{a_2(1 - e_2 \cos E_2)} \\[4mm]
v_{zd} = 0
\end{cases}
\tag{8.63}
$$

式中　E_2——碰撞点空间碎片轨道的偏近点角,且

$$
\begin{cases}
\cos E_2 = \dfrac{\cos(u_2 - \omega_2) + e_2}{1 + e_2 \cos(u_2 - \omega_2)} \\[4mm]
\sin E_2 = \dfrac{\sqrt{1 - e_2^2}\,\sin(u_2 - \omega_2)}{1 + e_2 \cos(u_2 - \omega_2)}
\end{cases}
\tag{8.64}
$$

式中　u_2——碰撞点空间碎片轨道的近地点幅角。

将式(8.68)速度增量转换到地心赤道惯性坐标中,其中地心赤道惯性坐标系定义为:坐标原点位于地心,X 轴指向春分点,Y 轴指向升交点赤经 $90°$,X、Y、Z 轴构成右手系,则有

$$
\begin{bmatrix} V_{xs} \\ V_{ys} \\ V_{zs} \end{bmatrix}
=
\begin{bmatrix}
\cos \Omega_1 & -\sin \Omega_1 & 0 \\
\sin \Omega_1 & \cos \Omega_1 & 0 \\
0 & 0 & 1
\end{bmatrix}
\begin{bmatrix}
1 & 0 & 0 \\
0 & \cos i_1 & \sin i_1 \\
0 & \sin i_1 & \cos i_1
\end{bmatrix}
\begin{bmatrix}
\cos \omega_1 & -\sin \omega_1 & 0 \\
\sin \omega_1 & \cos \omega_1 & 0 \\
0 & 0 & 1
\end{bmatrix}
\begin{bmatrix} v_{xs} \\ v_{ys} \\ v_{zs} \end{bmatrix}
\tag{8.65}
$$

$$
\begin{bmatrix} V_{xd} \\ V_{yd} \\ V_{zd} \end{bmatrix}
=
\begin{bmatrix}
\cos \Omega_2 & -\sin \Omega_2 & 0 \\
\sin \Omega_2 & \cos \Omega_2 & 0 \\
0 & 0 & 1
\end{bmatrix}
\begin{bmatrix}
1 & 0 & 0 \\
0 & \cos i_2 & \sin i_2 \\
0 & \sin i_2 & \cos i_2
\end{bmatrix}
\begin{bmatrix}
\cos \omega_2 & -\sin \omega_2 & 0 \\
\sin \omega_2 & \cos \omega_2 & 0 \\
0 & 0 & 1
\end{bmatrix}
\begin{bmatrix} v_{xd} \\ v_{yd} \\ v_{zd} \end{bmatrix}
\tag{8.66}
$$

因此最后可以求出

$$
\begin{cases}
V_{xs} = v_{xs}(\cos \omega_1 \cos \Omega_1 - \sin \omega_1 \sin \Omega_1) - v_{ys}(\sin \omega_1 \cos \Omega_1 + \cos \omega_1 \sin \Omega_1 \cos i_1) \\
V_{ys} = v_{xs}(\cos \omega_1 \cos \Omega_1 - \sin \omega_1 \sin \Omega_1) - v_{ys}(\sin \omega_1 \cos \Omega_1 + \cos \omega_1 \sin \Omega_1 \cos i_1) \\
V_{zs} = v_{xs}\sin \omega_1 \sin i_1 + v_{ys} \cos \omega_1 \sin i_1
\end{cases}
\tag{8.67}
$$

$$
\begin{cases}
V_{xd} = v_{xd}(\cos \omega_2 \cos \Omega_2 - \sin \omega_2 \sin \Omega_2 \cos i_2) - v_{yd}(\sin \omega_2 \cos \Omega_2 + \cos \omega_2 \sin \Omega_2 \cos i_2) \\
V_{yd} = v_{xd}(\cos \omega_2 \cos \Omega_2 - \sin \omega_2 \sin \Omega_2 \cos i_2) - v_{yd}(\sin \omega_2 \cos \Omega_2 - \cos \omega_2 \sin \Omega_2 \cos i_2) \\
V_{zd} = v_{xd}\sin \omega_2 \sin i_2 + v_{yd} \cos \omega_2 \sin i_2
\end{cases}
\tag{8.68}
$$

因此利用式(8.67)和式(8.68)可以求出航天器速度矢量与空间碎片速度矢量之间夹角为

$$\vartheta = \arccos\left(\frac{V_{xs}V_{xd} + V_{ys}V_{yd} + V_{zs}V_{zd}}{V_s V_d}\right) \tag{8.69}$$

对应的相对碰撞速度的大小为

$$\Delta V = \sqrt{V_s^2 + V_d^2 - 2V_s V_d \cos\vartheta} \tag{8.70}$$

式中

$$V_s = \sqrt{\mu\frac{1 + e_1 \cos E_1}{a_1(1 - e_1 \cos E_1)}} \tag{8.71}$$

$$V_d = \sqrt{\mu\frac{1 + e_2 \cos E_2}{a_2(1 - e_2 \cos E_2)}} \tag{8.72}$$

式中 E_1、E_2—— 航天器和空间碎片在碰撞点轨道的偏近点角,该值在式 (8.61)和式(8.64)的推导过程中已经求出。

2. 确定碰撞点的几何关系

本节关键是推导航天器与空间碎片相对碰撞速度,与航天器本体坐标系之间的关系,从而可以确定航天器可能遭受碎片的撞击方向。航天器和空间碎片速度在地心赤道惯性坐标系的分量前面已经求出,分别为 V_{xs}、V_{ys}、V_{zs} 和 V_{xd}、V_{yd}、V_{zd},因此相对速度在惯性坐标系的分量是

$$\begin{cases} \Delta V_x = V_{xs} - V_{xd} \\ \Delta V_y = V_{ys} - V_{yd} \\ \Delta V_z = V_{zs} - V_{zd} \end{cases} \tag{8.73}$$

将上述速度转换到航天器本体坐标系中,则可得到相对碰撞速度与航天器之间的几何关系,其中航天器本体坐标系的定义为:坐标原点为与航天器几何中心,X 轴与航天器径向矢量同向,Y 轴垂直于 X 轴沿航天器运动方向为正,X、Y、Z 轴构成右手系。因此经过坐标变换后可得到相对碰撞速度在航天器本体坐标系的分量是

$$\begin{pmatrix} \Delta v_x \\ \Delta v_y \\ \Delta v_z \end{pmatrix} = \begin{pmatrix} \cos\Omega_1 & -\sin\Omega_1 & 0 \\ \sin\Omega_1 & \cos\Omega_1 & 0 \\ 0 & 0 & 1 \end{pmatrix} \begin{pmatrix} 1 & 0 & 0 \\ 0 & \cos i_1 & \sin i_1 \\ 0 & \sin i_1 & \cos i_1 \end{pmatrix} \begin{pmatrix} \cos\omega_1 & -\sin\omega_1 & 0 \\ \sin\omega_1 & \cos\omega_1 & 0 \\ 0 & 0 & 1 \end{pmatrix} \begin{pmatrix} \Delta V_x \\ \Delta V_y \\ \Delta V_z \end{pmatrix}$$

$$\tag{8.74}$$

因此最后可以求出

$$\Delta v_x = (\cos u_1 \cos \Omega_1 - \sin u_1 \sin \Omega_1 \cos i_1)\Delta V_x +$$
$$(\cos u_1 \sin \Omega_1 + \sin \Omega_1 \cos \Omega_1 \cos i_1)\Delta V_y + \sin i_1 \sin u_1 \Delta V_z \qquad (8.75)$$
$$\Delta v_y = (-\sin u_1 \cos \Omega_1 - \cos u_1 \sin \Omega_1 \cos i_1)\Delta V_x +$$
$$(-\sin u_1 \sin \Omega_1 + \cos u_1 \cos \Omega_1 \cos i_1)\Delta V_y + \cos u_1 \sin i_1 \Delta V_z \qquad (8.76)$$
$$\Delta v_z = \sin \Omega_1 \sin i_1 \Delta V_x - \cos \Omega_1 \sin i_1 \Delta V_y + \cos i_1 \Delta V_z \qquad (8.77)$$

因此碰撞速度与航天器本体坐标系 X、Y、Z 轴的夹角是

$$\vartheta_x = \arccos \frac{\Delta v_x}{\Delta V} \qquad (8.78)$$

$$\vartheta_y = \arccos \frac{\Delta v_y}{\Delta V} \qquad (8.79)$$

式中

$$\Delta V = \sqrt{\Delta v_x^2 + \Delta v_y^2 + \Delta v_z^2}$$

在上述公式推导过程中,出现的纬度幅角 u_1 为航天器与空间碎片碰撞点的纬度幅角。因此根据碰撞速度与航天器本体坐标系的几何关系,可以确定首先遭受碰撞的航天器的部位。

8.2.2　精确交会关系计算方法

以上简易交会关系计算方法是基于传统轨道六根数得到的结果,没有考虑轨道的精确预报以及轨道的传播误差等,不适用于精确的预报与计算。在此给出一种精确的计算方法。

由上述筛选方法的时间筛选法部分可以基本确定碰撞时刻的初值,基于此在精确的递推模型下进行微分修正并计算,即可得到精确的交会时刻以及该时刻航天器的轨道状态和空间碎片的轨道状态,进一步地可利用以上信息得到精确完整的交会关系。为算法需要,首先介绍牛顿迭代法作为预备知识。

1. 牛顿迭代法

牛顿迭代法又称为牛顿－拉弗森方法(Newton－Raphson method),它是牛顿在 17 世纪提出的一种在实数域和复数域上近似求解方程的方法。多数方程不存在求根公式,因此求精确根非常困难,甚至不可能,从而寻找方程的近似根就显得特别重要。该方法使用函数 $f(x)$ 的泰勒级数的前面几项来寻找方程 $f(x)=0$ 的根。牛顿迭代法是求方程根的重要方法之一,其最大优点是在方程 $f(x)=0$ 的单根附近具有平方收敛,而且该方法还可以用来求方程的重根、复

根。另外该方法广泛用于计算机编程中。

设 r 是 $f(x)=0$ 的根，选取 x_0 作为 r 的初始近似值，过点 $(x_0,f(x_0))$ 作曲线 $y=f(x)$ 的切线 L，L 的方程为 $y=f(x_0)+f'(x_0)(x-x_0)$，求出 L 与 x 轴交点的横坐标 $x_1=x_0-f(x_0)/f'(x_0)$，称 x_1 为 r 的一次近似值。过点 $(x_1,f(x_1))$ 作曲线 $y=f(x)$ 的切线，并求该切线与 x 轴交点的横坐标 $x_2=x_1-f(x_1)/f'(x_1)$，称 x_2 为 r 的二次近似值。重复以上过程，得 r 的近似值序列，其中

$$x_{n+1}=x_n-f(x_n)/f'(x_n) \tag{8.80}$$

式 (8.80) 称为 r 的 $n+1$ 次近似值，也称为牛顿迭代公式。

解非线性方程 $f(x)=0$ 的牛顿迭代法是把非线性方程线性化的一种近似方法。把 $f(x)$ 在 x_0 点附近展开成泰勒级数，有

$$f(x)=f(x_0)+(x-x_0)f'(x_0)+\frac{(x-x_0)^2 f''(x_0)}{2!}+\cdots \tag{8.81}$$

取其线性部分作为非线性方程 $f(x)=0$ 的近似方程，即泰勒展开的前两项，则有

$$f(x_0)+f'(x_0)(x-x_0)=f(x)=0 \tag{8.82}$$

设 $f'(x_0)\neq 0$，则其解为

$$x_1=x_0-f(x_0)/f'(x_0) \tag{8.83}$$

这样，得到牛顿迭代法的一个迭代序列为

$$x_{n+1}=x_n-f(x_n)/f'(x_n) \tag{8.84}$$

2. 精确交会时刻计算

在此针对在轨预警和发射预警分别利用不同的轨道模型进行递推，故算法略有不同。在轨预警中目标和空间碎片都为 TLE 数据，利用简化常规摄动模型（SGP4）进行轨道预报，由于 SGP4 为解析的预报模型，因此计算效率高。在利用 TLE 数据进行精确的轨道碰撞点计算时，可以实时计算轨道状态。发射预警中发射的目标为轨道根数，需要用到高精度轨道递推模型（HPOP）进行轨道预报，由于该算法为数值计算方法，计算需要消耗大量的时间，因此不能进行实时的轨道状态计算。为此采用另一种策略，即首先确定轨道的递推步长，将预警期间的轨道按步长进行精确的推导并存入文本中，在计算时利用高精度的插分算法得到对应时间的轨道状态。确定轨道的预报模型之后，需要做如下简单假设以使计算简单：轨道在交会时刻附近认为速度不变，航天器和空间碎片做直线运动。在运动速度极高且碰撞时间相差不远时，该假设完全可以近似实际的情况，且该假设仅应用于迭代计算过程中，最终的计算结果不依赖于该假设，其目的在于增

加计算效率同时不影响计算的精度,具体介绍如下。轨道的交会时刻指航天器与空间碎片之间距离最短的时刻,此时相对位置与相对速度满足如下关系:

$$\Delta \boldsymbol{R} \cdot \Delta \boldsymbol{V} = 0 \tag{8.85}$$

式(8.89)表示在交会时刻航天器与空间碎片之间的相对距离矢量垂直于相对速度矢量。为寻求精确的交会时间,需要寻找满足如下约束方程的解:

$$f = \Delta \boldsymbol{R} \cdot \Delta \boldsymbol{V} = 0 \tag{8.86}$$

式中　　$\Delta \boldsymbol{R}$——航天器与空间碎片的相对位置矢量;

　　　　$\Delta \boldsymbol{V}$——航天器与空间碎片的相对速度矢量。

在速度大小不变的假设下,各量的计算方程如下:

$$\begin{cases} r_1(t+\Delta t) = r_1(t) + v_1 \Delta t \\ r_2(t+\Delta t) = r_2(t) + v_2 \Delta t \\ \Delta \boldsymbol{R} = r_1 - r_2 \\ \Delta \boldsymbol{V} = v_1 - v_2 = c \end{cases} \tag{8.87}$$

基于上面速度不变的假设,得到约束对于时间的微分为

$$\frac{\mathrm{d}f}{\mathrm{d}t} = \Delta \boldsymbol{V} \cdot \Delta \boldsymbol{R} \tag{8.88}$$

得到以上约束方程以及其对时间的微分方程即可利用牛顿迭代法对交会时间进行修正,得到准确的交会时间。牛顿迭代的初值通过上一步时间筛选法所得结果确定。然而上述牛顿迭代的结果是基于速度不变的假设,为保证结果的精确性,进一步利用轨道递推模型得到与计算时间对应的航天器和空间碎片的轨道状态,并计算上面的约束,如果仍然满足该约束,说明得到的结果是准确的;如果不满足该约束,则将轨道递推得到的新的轨道速度作为牛顿迭代的轨道速度,并进一步得到新的交会时间,然后再进行轨道递推并判断是否满足上述约束,若满足则结束循环,若不满足则重新计算新的交会时间,直至完全满足精确递推时相对位置矢量垂直于相对速度矢量。具体计算步骤如下:

① 将利用筛选算法中时间筛选法得到的碰撞时间作为交会时间的初值,若为发射预警,则需要在未计算精确时间时对轨道利用 HPOP 进行精确的递推,并储存入文本以供后面计算使用。

② 计算上述初始交会时间时精确模型递推得到的航天器和空间碎片的轨道状态,若为在轨预警则利用 SGP4 进行轨道递推到此时刻即可,若为发射预警的航天器位置速度计算,则利用第①步得到的轨道预报序列进行差分,得到相应的

轨道状态。

③ 假设上一步得到的速度直到精确的交会时刻为止始终保持不变,则可利用上面得到的牛顿迭代公式进行简单的迭代,得到满足约束的新的交会时刻。

④ 基于精确的预报模型计算上述新的交会时刻对应的精确位置和速度,判断相对位置矢量和相对速度矢量是否垂直。若垂直,则计算完成,新的交会时刻即为精确的交会时刻,对应的位置和速度即为精确的交会关系中的位置和速度;若不垂直,则将这里得到的速度和位置作为新的速度和位置,转至步骤 ③ 中进行计算,直至精确递推结果满足约束为止。

上述精确交会时间及交会时轨道状态的计算流程图如图 8.5 所示。

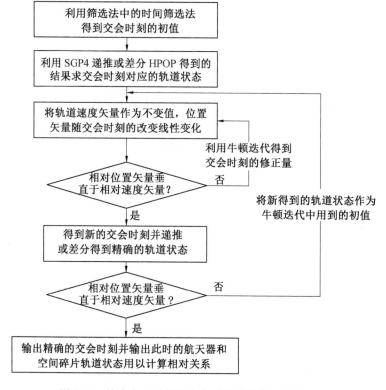

图 8.5　精确交会时间及交会时轨道状态的计算流程图

8.2.3　由交会时刻位置、速度矢量推导交会几何条件

如果在空间碎片碰撞预警中得到的两个目标交会参数是地心惯性坐标系的位置、速度矢量,而不是上面提到的交会几何条件,如轨道高度、过交线高度差、

时间差和轨道面夹角等,这时要利用显式公式就需要将位置、速度矢量转化为交会几何条件,下面讨论转化方法。设相遇时刻两个空间碎片 ECI 的位置、速度矢量分别为 r_1、v_1 和 r_2、v_2,如图 8.6 所示。轨道高度取两个目标高度的平均值,即

$$h = \frac{|r_1| + |r_2|}{2} - R_m \tag{8.89}$$

过交线高度差亦即两个目标地心距之差为

$$\Delta h = ||r_1| - |r_2||$$

两个目标轨道面夹角即交会时刻速度矢量之间的夹角为

$$\varphi = \arccos \frac{v_1 \cdot v_2}{|v_1||v_2|} \tag{8.90}$$

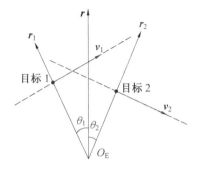

图 8.6　由位置、速度矢量计算交会条件

计算两个目标过交线时间差,需要讨论它们位置矢量与轨道面交线矢量之间的夹角及运动方向。轨道面交线的矢量可由两个目标轨道法线矢量叉乘得到,即

$$r = (r_1 \times v_1) \times (r_2 \times v_2)$$

为了确保交线矢量指向上方而不是下方,可以做如下判断:如果交线矢量 r 与矢量 r_1 或 r_2 的夹角大于 $90°$,则交线矢量改变符号,指向其反方向。这样就保证交线矢量 r 指向交会处的上方。目标 1、2 位置矢量 r_1 和 r_2 与轨道面交线 r 之间的夹角的大小分别为

$$|\theta_1| = \arccos \frac{r_1 \cdot r}{|r_1||r|} \tag{8.91}$$

$$|\theta_2| = \arccos \frac{r_2 \cdot r}{|r_2||r|} \tag{8.92}$$

夹角的符号确定如下:当目标向着交线运动时,其夹角为正;当目标离开交线运动时,其夹角为负。目标是否向着交线运动可以判断如下:当矢量 $r_1 \times v_1$ 与

矢量 $r_1 \times r$ 方向相同时,目标向着交线运动(如图 8.6 中目标 1);当矢量 $r_2 \times v_2$ 与矢量 $r_2 \times r$ 方向相反时,目标远离交线运动(如图 8.6 中目标 2)。这样,就确定了 θ_1 与 θ_2 的符号。定义两个目标过交线的地心角之差为 $\Delta\theta = |\theta_1 - \theta_2|$,则过交线的时间差为 $\Delta t = \Delta\theta/n$,其中 n 为轨道角速度,可以由 $n = \sqrt{\mu/r^3}$ 计算得到,其中 $r = h + a_{\mathrm{E}}$。

如上所述,根据两个目标交会时刻位置、速度矢量就可以计算得到它们的交会几何条件:轨道高度 h、轨道面之间夹角 φ、过交线高度差 Δh、过交线时间差 Δt 等,为计算碰撞概率做好准备。

8.3 轨道误差预报模块

标准偏差矩阵是一个对角矩阵,对于每一个空间物体,其偏差矩阵是由观测获得的某时刻的观测值与记录的轨道根数值比较而产生的,即

$$\sigma s^2 = \sum_1^n \frac{(\Delta s)^2}{n-1} \tag{8.93}$$

式中　Δs—— 观测值与预测值之间的误差。

前面假设航天器和空间碎片的位置误差满足高斯分布,即正态分布,对于三元的正态分布有

$$P(\bar{r}) = \frac{1}{(2\pi)^{3/2} \parallel A \parallel^{1/2}} \exp\left\{-\frac{1}{2}(\bar{r}-\bar{a})^{\mathrm{T}} A^{-1}(\bar{r}-\bar{a})\right\} \tag{8.94}$$

式中　A—— 位置误差构成的一个矩阵,有

$$A = \begin{bmatrix} \sigma_{\mathrm{N}}^2 & 0 & 0 \\ 0 & \sigma_{\mathrm{U}}^2 & 0 \\ 0 & 0 & \sigma_{\mathrm{W}}^2 \end{bmatrix} \tag{8.95}$$

对于一般情况下的正态分布,矩阵 A 的三个对角元上的量是不等的,因此一般三维正态分布的等概率密度面是空间中的一个椭球,椭球的三个主轴长之比满足 $\sigma_{\mathrm{N}} : \sigma_{\mathrm{U}} : \sigma_{\mathrm{W}}$,角标 U、N、W 分别表示轨道的轨迹方向、轨道面内垂直于轨迹方向、轨道面法向。研究碰撞概率的时候,这样的等概率密度椭球用来描述空间物体的分布,也就是误差椭球。在计算碰撞概率时,可以得到碎片和航天器相对位置关系确定的复合位置误差矩阵。

8.3.1　轨道预报误差的计算

在此仅考虑轨道预报过程中的传播误差,认为当前 TLE 轨道根数得到的状态为准确的轨道状态,即轨道预报时间为 0 时误差为 0。基于以上假设,可利用历史的 TLE 数据进行轨道误差的计算。

利用历史数据计算 TLE 根数误差示意图如图 8.7 所示。图中 t_i 表示第 i 条历史 TLE 根数对应的历元时间,x_i 表示第 i 条历史 TLE 根数,利用 SGP4 模型计算在 t_i 时刻的轨道状态,即无误差精确的状态值。x_{ki} 表示从时间 t_k 对应的 TLE 根数递推 $t_i - t_k$ 时间得到的轨道状态。其中时间顺序按照升序排列,则

$$t_1 < t_2 < \cdots < t_i < \cdots < t_{n-1} < t_n \tag{8.96}$$

从而递推的时间 $t_i - t_k > 0$,在此认为经过该递推时间轨道预报得到的误差为

$$\sigma(t_i - t_k) = |x_{ki} - x_i| \tag{8.97}$$

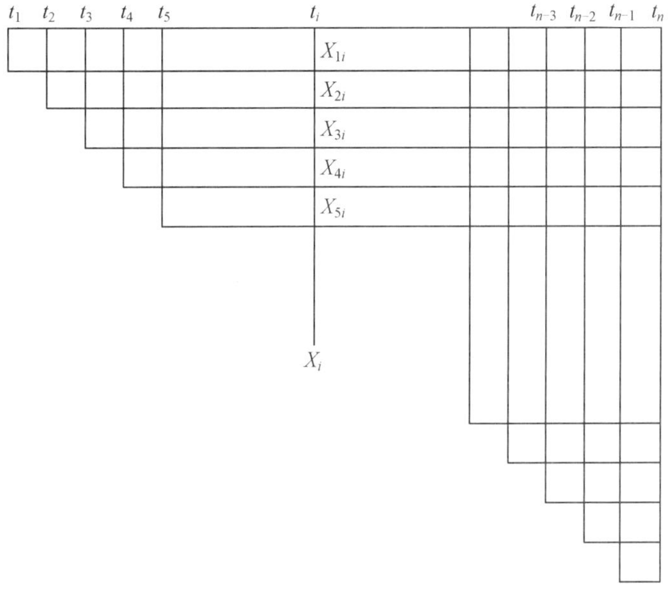

图 8.7　利用历史数据计算 TLE 根数误差示意图

取定一段时间的历史数据,则可以得到对应不同递推时间的不同误差。在轨道预报过程中误差呈发散的特性,同时预警的时间不宜过长,故只需要取定时间间隔 $t_i - t_k$ 小于一定值 $t_{\max}$ 的误差即可。由于空间碎片在长时间的飞行过程中可能因大气等原因而陨落或者改变轨道,故长时间的历史数据不易用于误差的计算,在此选择距离当前时刻 T_c 以内的数据进行误差的计算。预警过程中对

TLE 根数进行轨道递推时若需要用到当前递推时间的误差,则进行高精度的插值即可,在此选用三次样条插值算法进行计算,这样做不仅保证了较高的光滑程度,而且拥有连续的曲率,即二阶连续。下面针对三次样条插值进行简单的介绍。

8.3.2　三次样条插值

所谓样条本来是工程设计中使用的一种绘图工具,它是富有弹性的细木条或细金属条。绘图员利用它把一些已知点连接成一条光滑曲线(称为样条曲线),并使连接点处有连续的曲率。三次样条插值(简称 Spline 插值)就是由此抽象出来的。更确切地说,三次样条插值是通过一系列型值点的一条光滑曲线,数学上通过求解三弯矩方程组得出曲线函数组的过程。下面给出三次样条插值函数的数学定义。

定义:设函数 $f(x)$ 是区间 $[a,b]$ 上二次连续可微的函数,在区间 $[a,b]$ 上给出一个划分 $a=x_1 < x_2 < \cdots < x_{n-1} < x_n = b$。

如果函数 $S(x)$ 满足以下条件:

① $S(x_j) = f(x_j)(j=1,2,\cdots,n)$;

② 在每个小区间 $[x_j, x_{j+1}](j=1,2,\cdots,n-1)$ 上,$S(x)$ 是三次多项式;

③ 在开区间 (a,b) 上,$S(x)$ 有连续的二阶导数。

则称 $S(x)$ 为区间 $[a,b]$ 对应于划分 Δ 的三次样条插值函数。

从定义知要求出 $S(x)$,在每个小区间 $[x_j, x_{j+1}](j=1,2,\cdots,n-1)$ 上要确定 4 个待定系数,共有 $n-1$ 个小区间,故应确定 $4n$ 个参数。

下面给出三次样条插值函数的构造过程。

设 $x_1 < x_2 < x_3 < \cdots < x_{n-1} < x_n$ 共 n 个插值节点,则经过数据点 (x_1, y_1),(x_2, y_2),$\cdots$,(x_n, y_n) 的三次样条 $S(x)$ 是一组三次多项式,即

$$\begin{cases} S_1(x) = a_1 + b_1(x-x_1) + c_1(x-x_1)^2 + d_1(x-x_1)^3, x \in [x_1, x_2] \\ S_2(x) = a_2 + b_2(x-x_2) + c_2(x-x_2)^2 + d_2(x-x_2)^3, x \in [x_2, x_3] \\ \qquad \vdots \\ S_{n-1}(x) = a_{n-1} + b_{n-1}(x-x_{n-1}) + c_{n-1}(x-x_{n-1})^2 + d_{n-1}(x-x_{n-1})^3, x \in [x_{n-1}, x_n] \end{cases}$$

$$(8.98)$$

由节点处的连续性可知

$$S_i(x_i) = y_i, \quad S_i(x_{i+1}) = y_{i+1}, \quad i=1,2,\cdots,n-1 \tag{8.99}$$

$$\begin{cases} a_i = y_i, \quad i = 1, 2, \cdots, n-1 \\ y_2 = y_1 + b_1(x_2 - x_1) + c_1(x_2 - x_1)^2 + d_1(x_2 - x_1)^3 \\ \quad \vdots \\ y_n = y_{n-1} + b_{n-1}(x_n - x_{n-1}) + c_{n-1}(x_n - x_{n-1})^2 + d_{n-1}(x_n - x_{n-1})^3 \end{cases}$$

$$(8.100)$$

由节点处的一阶与二阶光滑性可知

$$S'_{i-1}(x_i) = S'_i(x_i), \quad S''_{i-1}(x_i) = S''_i(x_i), \quad i = 1, 2, \cdots, n \qquad (8.101)$$

$$\begin{cases} 0 = S'_1(x_2) - S'_2(x_2) = b_1 + 2c_1(x_2 - x_1) + 3d_1(x_2 - x_1)^2 - b_2 \\ \quad \vdots \\ 0 = S'_{n-2}(x_{n-1}) - S'_{n-1}(x_{n-1}) = b_{n-2} + 2c_{n-2}(x_{n-1} - x_{n-2}) + 3d_{n-2}(x_{n-1} - x_{n-2})^2 - b_{n-1} \\ 0 = S''_1(x_2) - S''_2(x_2) = 2c_1 + 6d_1(x_2 - x_1) - 2c_2 \\ \quad \vdots \\ 0 = S''_{n-2}(x_{n-1}) - S''_{n-1}(x_{n-1}) = 2c_{n-2} + 6d_{n-2}(x_{n-1} - x_{n-2}) - 2c_{n-1} \end{cases}$$

$$(8.102)$$

已知

$$S_{n-1}(x) = a_{n-1} + b_{n-1}(x - x_{n-1}) + c_{n-1}(x - x_{n-1})^2 + d_{n-1}(x - x_{n-1})^3$$

$$(8.103)$$

$$\begin{cases} S''_{n-1}(x) = 2c_{n-1} + 6d_{n-1}(x - x_{n-1}) \\ S''_{n-1}(x_{n-1}) = 2c_{n-1} \end{cases} \qquad (8.104)$$

式中　$x \in [x_{n-1}, x_n]$。

因为

$$S''_{n-1}(x_{n-1}) = S''_{n-2}(x_{n-1})$$

所以

$$2c_{n-1} = S''_{n-2}(x_{n-1})$$

递推得

$$2c_n = S''_{n-1}(x_n) \qquad (8.105)$$

即

$$c_n = S''_{n-1}(x_n)/2 \qquad (8.106)$$

若记

$$\delta_i = x_{i+1} - x_i, \quad \Delta_i = y_{i+1} - y_i, \quad i = 1, 2, \cdots, n-1$$

则由式(8.104)可得

$$d_i = \frac{c_{i+1} - c_i}{3\delta_i}, \quad i = 1, 2, \cdots, n-1 \tag{8.107}$$

由式(8.103)得

$$b_i = \frac{\Delta_i}{\delta_i} - c_i\delta_i - d_i\delta_i^2 = \frac{\Delta_i}{\delta_i} - \frac{\delta_i}{3}(c_{i+1} + 2c_i), \quad i = 1, 2, \cdots, n-1 \tag{8.108}$$

将上面两式带入式(8.102)得

$$\begin{cases} \delta_1 c_1 + 2(\delta_1 + \delta_2)c_2 + \delta_2 c_3 = 3\left(\dfrac{\Delta_2}{\delta_2} - \dfrac{\Delta_1}{\delta_1}\right) \\ \quad\vdots \\ \delta_{n-2} c_{n-2} + 2(\delta_{n-2} + \delta_{n-1})c_{n-1} + \delta_{n-1} c_n = 3\left(\dfrac{\Delta_{n-1}}{\delta_{n-1}} - \dfrac{\Delta_{n-2}}{\delta_{n-2}}\right) \end{cases} \tag{8.109}$$

增加几个端点边界条件,因为 $2c_1 = S_1''(x_1)$,$2c_n = S_{n-1}''(x_n)$,故有:

① 第零类边界条件。自然样条,$c_1 = 0$,$c_n = 0$。

② 第一类边界条件。给定端点一阶导数,$S_1'(x_1) = v_1$,$S_{n-1}'(x_n) = v_n$,则有

$$\begin{cases} 2\delta_1 c_1 + \delta_1 c_2 = 3\left(\dfrac{\Delta_1}{\delta_1} - v_1\right) \\ \delta_{n-1} c_{n-1} + 2\delta_{n-1} c_n = 3\left(v_n - \dfrac{\Delta_{n-1}}{\delta_{n-1}}\right) \end{cases} \tag{8.110}$$

③ 第二类边界条件。给定端点二阶导数,$S_1''(x_1) = v_1$,$S_{n-1}''(x_n) = v_n$,则有

$$\begin{cases} 2c_1 = v_1 \\ 2c_n = v_n \end{cases} \tag{8.111}$$

结合所给的边界条件即可解出 $\{c_i\}$,而

$$d_i = (c_{i+1} - c_i)/3\delta_i \tag{8.112}$$

$$b_i = \Delta_i/\delta_i - \delta_i(c_{i+1} + 2c_i)/3 \tag{8.113}$$

故可得到最终各个子区间上的三次样条函数。

综上所述,利用三次样条插值仅需要通过时间与误差序列即可得到每一个时间间隔之内的三次多项式表示的误差曲线,从而计算得到每一个时间的误差。

8.3.3　误差分析算法流程

上两小节分别介绍了误差的计算方法以及离散点计算任意时间对应误差状态的三次样条插值算法。基于这两样工具即可对误差进行分析。然而由于 TLE 数据之间的时间间隔各不相同,两组历史数据之间间隔的数据数量基本相同时

对应的时间差距不大,即

$$t_{j+1} - t_j \neq t_{i+1} - t_i \tag{8.114}$$

$$(t_{j+1} - t_j) - (t_{i+1} - t_i) < \delta \tag{8.115}$$

式中　δ—— 一小量。

　　三次样条插值算法是通过两端的一阶及二阶导数信息得到中间的三次多项式,故当取点非常密集且对应各相邻点的值差别非常大时,拟合的曲线斜率很大,最终得到的值无法正确反应实际的误差变化情况。所以在 TLE 数据满足以上两式的基础上直接应用三次样条插值则无法得到良好的插值曲线反应误差的变化特性。

　　为解决该问题,在此考虑将相近项进行合并,从而避免插值点之间过密且变化幅度较大的情况,具体做法如下。

　　利用前述方法对一段时间 T_c 的数据进行遍历计算,取所有满足间隔时间 $t_i - t_k$ 小于 t_{max} 的计算结果。对以上离散点按照间隔时间进行排序,得到间隔时间 $T = \{T_i\}$ 按照时间的升序进行排列的序列,并得到相应的位置误差序列 $r_x = \{r_x\}$,$r_y = \{r_y\}$,$r_z = \{r_z\}$。取定最小的时间间隔点 σ_{min} 作为合并的判断标准进行相近项的合并。若时间序列 T 中相邻两项之差小于 σ_{min},则取两者的平均值作为新的时间节点,取两时间项对应的位置误差的平均值作为新的位置误差。上述处理可提供精确的插值结果,但由于数据点过多,储存数据点或拟合得到的三次多项式都将消耗大量的空间,为解决该问题,仅计算特定时间的一些离散时间点对应的误差并进行储存,在需要误差的计算中取出储存的离散点进行插值即可。整个误差分析算法的流程如下(图 8.8):

　　① 按照时间对历史数据进行排序,选取距离当前最新数据小于时间间隔 T_c(软件计算中取为 3 个月)的所有历史数据;

　　② 对选取得到的历史数据两两进行遍历计算,得到对应的时间间隔下的位置误差,储存时间间隔小于 t_{max}(软件计算中取为 10 天)的所有离散数据结果;

　　③ 对上述得到的离散结果进行排序,并设置最小的时间间隔点 σ_{min}(软件中设置为 0.1 天)进行临近项的合并;

　　④ 利用三次样条插值对上述离散结果进行插分运算,得到拟合的三次多项式系数,针对需要的离散点(取 0.5 天,1 天,$\cdots$,9.5 天,10 天)计算相应的误差并储存入数据库。

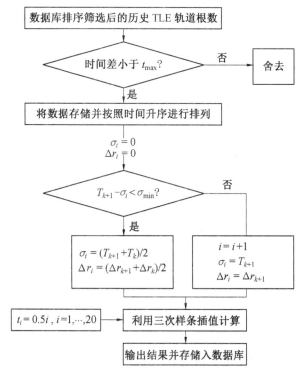

图 8.8　误差分析算法流程图

8.3.4　航天器与空间碎片交会碰撞概率计算

上面讨论了如何计算航天器与空间碎片之间的交会关系以及计算轨道预报误差的方法,基于以上信息即可进行交会碰撞概率的计算。本节针对碰撞概率计算介绍简单算法的原理。常用的两种碰撞概率计算方法为 BOX 区域判定法和基于误差分析的碰撞概率判定法。

1. BOX 区域判据

BOX 区域判据是一种传统的碰撞判定准则,通过在航天器周围定义一个预警区域,当有空间物体进入这个预警区域时则发出预警。一般地,对于不同类型轨道的航天器来说,预警区域的定义是不同的。以航天飞机为例,当预报结果表明空间碎片将进入以航天器为中心、沿迹方向为 ±25 km、轨道面内垂直于沿迹方向及轨道平面的外法向上都为 ±10 km 的空间内时,地面探测系统就会提供更详细的轨道预报数据,同时不断更新数据。当碎片将进入以航天器为中心,沿迹方向为 ±5 km、轨道面内垂直于沿迹方向及轨道平面的外法向上都为 ±2 km 的空间内时,航天器会进行机动变轨来规避碎片。外围区域称为预警区域,内部区域称为规避区域。

2. 碰撞概率判据

碰撞概率判据同样是建立在预报误差基础上的。如果空间碎片与航天器的位置预报准确,则不会发生碰撞。碰撞概率考虑了轨道预报的误差,同时考虑了交会双方的轨道特征、交会时刻双方的距离、交会时刻的角度以及交会时刻的相对速度。通过在一定的假设基础上建立数学模型,考虑这些交会参量的相互关系,最终得到碰撞概率,以评估空间碰撞的危险。

第9章

空间碎片特性反演识别

9.1 基于散射光谱的空间碎片滚动周期识别方法

散射光度测量是空间碎片探测的一种有效手段，通过散射光度手段观测翻转空间碎片，光强特征随时间呈现周期性变化，可为判断空间卫星是否处于工作状态、翻滚周期提供参考。光度反映了光学多谱段的强度综合信息，光谱可理解为光度按不同波长的展开。基于散射光谱信息反演目标滚动周期与基于光度信息反演在问题本质上是一致的，实质为用某波长上强度值代替光度进行周期分析。

下面介绍空间碎片散射光谱探测数学模型、基于散射光谱的空间碎片滚动周期反演方法和空间碎片滚动周期反演实验。

9.1.1 空间碎片散射光谱探测数学模型

空间碎片散射光谱探测示意图如图 9.1 所示。空间碎片散射光谱探测涉及以下环节：

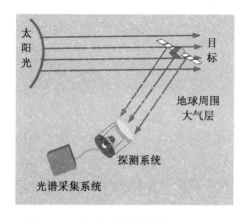

图 9.1 空间碎片散射光谱探测示意图

（1）辐照到空间碎片表面的太阳能量和光谱。

辐照到空间碎片表面的太阳能量用 $\mathrm{Sun}(t, \lambda)$ 表示，简写为 Sun，其中 t 表示时间，λ 表示波长。

太阳光谱是一种黑体辐射谱，到达地球外邻近空间后，强度几乎不变，且以发射角 9.32 mrad 的近平行光传输，其最大能量在波长 $0.475~\mu\mathrm{m}$ 处，随太阳表面温度差异变化很小，光谱线型稳定。太阳光照射到空间碎片表面材质后，向 2π 空间散射，此时散射光谱带有太阳光谱线型特征，不能直接表征空间碎片表面材质性质。

（2）大气光谱透过率。

大气光谱透过率用 $\mathrm{Air}\ T(t, \lambda, \theta_1, \varphi_1)$ 表示，简写为 Air T，其中 t 表示时间，λ 表示波长，θ_1 表示测量水平方位角，φ_1 表示测量俯仰方位角。

空间碎片散射光谱在 2π 空间内向外传输，经过大气对流层、平流层、中间层、热层和散逸层中 H_2O、N_2、O_2、灰尘或其他大分子的吸收与散射，传输到接收系统，空间碎片散射光谱曲线的线型发生了变化，出现了 H_2O、N_2、O_2 等分子及其他游离态离子的吸收峰，特别是 H_2O 吸收峰，随着海拔高度、大气湿度的差异，对测量结果的分析有较大的影响。解决大气透过率对散射光谱曲线影响的方法有两种，一是通过大气光谱透过率计算软件拟合得到大气光谱透过率，再经由传递过程依次修正；二是通过实时测量卫星轨道上已知恒星的光谱，依据太空中该恒星的光谱类，计算出大气光谱透过率，再经由传递过程消除散射光谱中的大气影响。然而，实际操作中，由于卫星轨道与观测点之间的关系，随着卫星的运行获取各种斜程上的透过率，实际轨道上各个点的大气光谱透过率与卫星散射光谱的对应关系是决定散射光谱分析准确程度的条件之一。

（3）望远镜及光谱探测系统传递函数。

望远镜及光谱探测系统传递函数为 TS(λ)。空间碎片散射光谱数据受到测量仪器传递函数的影响，包括望远镜中透射镜片、反射镜片、薄膜等光谱透过率的影响，分光镜光谱透／反射率，耦合聚焦系统透射率，光纤透过率，光谱仪中光栅光谱色散效率、准直聚焦镜的光谱透／反射率，探测器的光谱响应等。

（4）第 n 种空间碎片材质的光谱双向反射分布函数。

第 n 种空间碎片材质的光谱双向反射分布函数（Bidirectional Reflectance Distribution Function，BRDF）用 $M_n(\lambda,\theta_1,\varphi_1,\theta_2,\varphi_2)$ 表示，简写为 M_n，其中 λ 表示波长，θ_1 表示测量水平方位角，φ_1 表示测量俯仰方位角，θ_2 表示太阳光照明水平方位角，φ_2 表示太阳光照明俯仰方位角。

（5）第 n 种空间碎片材质的面积。

第 n 种空间碎片材质的面积为 S_n。

（6）探测系统接收到的光谱。

探测系统接收到的光谱用 Dec($t,\lambda,\theta_1,\varphi_1,\theta_2,\varphi_2$) 表示，简写为 Dec，其中 t 表示时间，λ 表示波长，θ_1 表示测量水平方位角，φ_1 表示测量俯仰方位角，θ_2 表示太阳光照明水平方位角，φ_2 表示太阳光照明俯仰方位角。

探测系统接收到的光谱为

$$
\mathrm{Dec}(t,\lambda,\theta_1,\varphi_1,\theta_2,\varphi_2)=\mathrm{Sun}(t,\lambda)\cdot\Big(\sum_{i=1}^{n}S_i\cdot M_i(\lambda,\theta_1,\varphi_1,\theta_2,\varphi_2)\Big)\cdot
$$
$$
\mathrm{Air}\,T(t,\lambda,\theta_1,\varphi_1)\cdot\mathrm{TS}(\lambda) \tag{9.1}
$$

另外，探测到的散射光谱包含背景噪声，其产生的原因包括空间碎片轨道附近星光、月光、地物和云层对月光和星光的散射光，大气对月光和星光的散射光及它们的多次散射光，光学仪器壁杂散光，光栅的多级散射光，CCD 电子噪声以及量化噪声等，而星光、月光和 CCD 电子噪声是最主要的背景光。

9.1.2 基于散射光谱的空间碎片滚动周期反演方法

1. 散射光谱探测数据预处理

要通过抑制背景、平滑、截取有效波长、修正大气光谱透过率、修正太阳光谱背景、修正仪器传递函数、修正分光镜曲线和归一化等处理，才能得到反映空间碎片表面材质及相对面积等信息的有效数据。

（1）空间碎片散射光谱数据背景噪声抑制。

选取波长为 $250 \sim 300\ \mathrm{nm}$ 的光谱相对强度（对应原始数据的纵坐标），取其平均值作为背景强度减掉；如果光谱强度值出现负值，将其取绝对值或取 0。

（2）空间碎片散射光谱数据平滑。

对光谱的干扰包括光谱的各种背景和噪声，这导致光谱信息获取困难。小波变换光谱分析法通过小波变换，对光谱进行数据挖掘，可将原来在时域中难以识别的信号转变到频域内进行处理。从而挖掘出被背景掩盖的物质的特征性、细微性信息，满足光谱分析线性和加和性，进而解决微弱光谱定量分析难的问题。

小波变换通过平移母小波（Mother Wavelet）可获得信号的时间信息，通过缩放小波的宽度（或尺度）可获得信号的频率特性。对母小波的缩放和平移操作是为了计算小波系数，这些系数代表小波和局部信号之间的相互关系。

对信号 $x(t)$ 的连续小波变换定义为

$$WT_x(a,b) = \frac{1}{\sqrt{a}} \int x(t) \psi^* \left(\frac{t-b}{a} \right) \mathrm{d}t = \langle x(t), \Psi_{a,b}(t) \rangle \qquad (9.2)$$

式中　　a、b、t——连续变量，a 是缩放因子，b 是时间平移；

　　　　$\Psi(t)$——基本小波或母小波；

　　　　$\Psi_{a,b}(t)$——母小波经移位和伸缩所产生的一族函数，称为小波基函数，且满足 $\Psi_{a,b}(t) = \Psi((t-b)/a)$。

该变换过程可理解为：把小波 $\Psi(t)$ 和原始信号 $x(t)$ 的开始部分进行比较；计算系数 a，其表示该部分信号与小波的近似程度，系数 c 的值越高表示信号与小波越相似，因此系数 c 可以反映这种波形的相关程度；把小波向右移，距离为 k，得到的小波函数为 $\Psi(t-k)$，然后重复前两个步骤；再把小波向右移，得到小波 $\Psi(t-2k)$，重复前两个步骤；按上述步骤一直进行下去，直到信号 $x(t)$ 结束；扩展小波 $\Psi(t)$，例如扩展一倍，得到的小波函数为 $\Psi(t/2)$；重复以上步骤。

考虑到计算量的问题，缩放因子和平移参数都选择 $2j$ 的倍数，这样的小波变换为离散小波变换。

对信号 $x(t)$ 的离散小波变换定义为

$$W(2^j, 2^j k) = 2^{-\frac{j}{2}} \int_{-\infty}^{+\infty} x(t) \Psi(2^{-j}t - k)\mathrm{d}t \qquad (9.3)$$

在信号降噪的应用中，可选定一种小波对信号进行 N 层小波分解。实质是把采到的信号分成高频部分和低频部分，低频部分通常包含信号的主要信息，高频部分则与噪声及扰动联系在一起。根据分析需要,可继续对所得到的低频部分进行分解,如此又得到了更低频部分信号和频率相对较高部分的信号,根据实际需要选择合适的分解层数。

(3) 空间碎片散射光谱数据去噪点并截取有效波长。

将光谱数据中明显错误的点去掉,用插值法补充;或删除明显错误的曲线。选定有效波长范围,默认为 $350 \sim 850$ nm。

(4) 空间碎片散射光谱数据太阳光谱影响修正。

考虑太阳光谱在外空间的线型函数及其与空间碎片散射光谱之间的关系(图 9.2),以及各个光谱波段间的误差,特别是太阳光谱中 H、He 等原子的吸收暗线的影响,获得相应的太阳光谱数据。

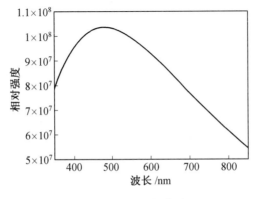

图 9.2　太阳光谱图

确定太阳光谱数据与实验数据的波长分辨率相同,用实验数据除以太阳光谱数据,实现太阳光谱的修正,即

$$O'(\lambda) = \frac{O(\lambda)}{\text{Sun}(\lambda)} \tag{9.4}$$

式中　　$O(\lambda)$——测量数据;

　　　　$\text{Sun}(\lambda)$——太阳光谱数据;

　　　　$O'(\lambda)$——去除太阳光谱后的数据。

(5) 空间碎片散射光谱数据大气光谱透过率修正。

大气对流层、平流层、中间层、热层和散逸层中 H_2O、N_2、O_2、灰尘或其他大分子会对散射光谱产生较大影响,特别是不同海拔高度、大气湿度中 H_2O 吸收峰的影响。可通过两种方法得到大气透过率曲线:一是大气光谱透过率计算软件拟合得到大气光谱透过率,再经过传递过程进行依次修正;二是通过实时测量卫星轨道上已知恒星的光谱,依据太空中该恒星的光谱类,计算出大气光谱透过率,再经过传递过程修正散射光谱中的大气影响。最后考虑卫星轨道与观测点之间斜程上的透过率变化(图 9.3)。

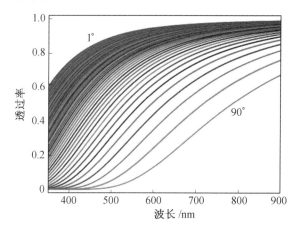

图 9.3　不同俯仰角下的大气光谱透过率(彩图见附录)

确定大气光谱透过率与实验数据的波长分辨率相同,用实验数据除以对应角度的大气光谱透过率数据,实现大气光谱透过率的修正,即

$$F(\lambda) = \frac{O'(\lambda)}{T(\lambda)} \tag{9.5}$$

式中　$O'(\lambda)$——去除太阳光谱后的数据;

　　　$T(\lambda)$——大气光谱透过率数据;

　　　$F(\lambda)$——去除大气光谱透过率后的数据。

(6) 空间碎片散射光谱数据分光镜影响修正。

空间碎片散射光谱数据还受到分光镜光谱透/反射率、耦合聚焦系统透射率的影响。通过标准连续光源,获得分光耦合系统的光谱透过率曲线(图 9.4)。

确定分光镜曲线数据与实验数据的波长分辨率相同,用实验数据除以分光镜曲线数据,实现分光镜影响的修正,即

$$F'(\lambda) = \frac{F(\lambda)}{K(\lambda)} \tag{9.6}$$

式中　$F(\lambda)$——去除大气光谱透过率后的数据;

　　　$K(\lambda)$——分光镜曲线数据;

　　　$F'(\lambda)$——去除分光镜影响后的数据。

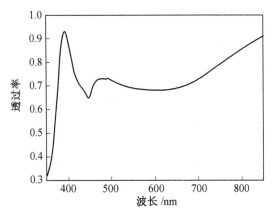

图 9.4　分光镜曲线

（7）空间碎片散射光谱数据测量仪器传递函数影响修正。

空间碎片散射光谱数据，受到测量仪器传递函数的影响，包括望远镜中透射镜片、反射镜片、薄膜等光谱透过率的影响，以及光纤透过率、光谱仪中光栅光谱色散效率、准直聚焦镜的光谱透／反射率、探测器的光谱响应等影响。通过标准连续光源获得望远镜的光谱透过率、光谱仪的光谱透过率，最终获得测量系统总的光谱透过率函数，即仪器传递函数。

确定仪器传递函数数据与实验数据的波长分辨率相同，用实验数据除以仪器传递函数数据，实现测量仪器传递函数影响的修正，即

$$M(\lambda) = \frac{F'(\lambda)}{H(\lambda)} \tag{9.7}$$

式中　　$F'(\lambda)$——去除分光镜曲线后的数据；

　　　　$H(\lambda)$——仪器传递函数数据；

　　　　$M(\lambda)$——去除仪器传递函数后的数据。

经过以上步骤，得到反映空间碎片表面材质以及面积信息的数据。根据分析的需要，可以对所得数据进行归一化处理。

（8）空间碎片散射光谱数据归一化。

对光谱数据进行线性变换，令 $M(\lambda)_{min}$ 和 $M(\lambda)_{max}$ 分别为光谱数据中的最小值和最大值，将任一光谱数据 $M(\lambda)$ 通过 min－max 标准化映射在区间 $[0,1]$ 中的值 $M'(\lambda)$，公式为

$$M'(\lambda) = \frac{M(\lambda) - M(\lambda)_{min}}{M(\lambda)_{max} - M(\lambda)_{min}} \tag{9.8}$$

2. 基于自相关原理分析的碎片滚动周期反演模型

（1）自相关原理分析方法。

基于运动物体运行状态分析的需求，利用实测散射光谱数据，根据自相关原理分析方法，通过光谱数据变化规律的提取，分析出运动物体的状态。自相关又称序列相关，是指一随机变量在时间上与其滞后项之间的相关，$\mathrm{Cov}(u_i, u_j) \neq 0$，$i \neq j$ 即为自相关，自相关是相关关系的一种。利用 BG 统计量建立一个适用性更强的自相关检验方法，可检验一阶自相关和高阶自相关。BG 检验由 Breusch — Godfrey 提出，是通过一个辅助回归式完成的，具体步骤如下：

对于多元回归模型

$$y = \beta_0 + \beta_1 x_{1,t} + \beta_2 x_{2,t} + \cdots + \beta_{k-1} x_{k-t,t} + u_t \tag{9.9}$$

考虑误差项为 n 阶自回归，即

$$u_t = \rho_1 u_{t-1} + \rho_2 u_{t-2} + \cdots + \rho_n u_{t-n} + v_t \tag{9.10}$$

式中　　v_t —— 随机项，符合各种假定条件。

零假设为

$$H_0 : \rho_1 = \rho_2 = \cdots = \rho_n = 0 \tag{9.11}$$

这表明 u_t 不存在 n 阶自相关。用估计得到的残差建立如下辅助回归式：

$$\hat{u}_t = \hat{\rho_1} \hat{u}_{t-1} + \cdots + \hat{\rho_n} \hat{u}_{t-n} + \beta_0 + \beta_1 x_{1,t} + \beta_2 x_{2,t} + \cdots + \beta_{k-1} x_{k-1,t} + v_t \tag{9.12}$$

式中　　$\hat{u}_t$ —— 式（9.10）中 u_t 的估计值。

估计式（9.12），并计算可决系数 R^2。构造 LM 统计量为

$$\mathrm{LM} = TR^2 \tag{9.13}$$

式中　　T —— 样本容量；

　　　　R^2 —— 式（9.13）的可决系数。

在零假设成立条件下，LM 统计量渐近服从 $\chi^2(n)$ 分布。其中 n 为式（9.12）中自回归阶数。如果零假设成立，LM 统计量的值将很小，小于临界值。

判别规则是，若 $\mathrm{LM} = TR^2 \leqslant \chi^2(n)$，接受 H_0；若 $\mathrm{LM} = TR^2 > \chi^2(n)$，拒绝 H_0。

自相关回归检验法适合于任何形式的自相关检验，若结论是存在自相关，则同时能提供出自相关的具体形式与参数的估计值，回归检验法的步骤如下：

① 用给定样本估计模型计算残差 $\hat{u}_t$。

② 对残差序列 $\hat{u}_t (t = 1, 2, \cdots, T)$ 用普通最小二乘法进行不同形式的回

归拟合。如

$$
\begin{cases}
\hat{u}_t = \hat{\rho} \hat{u}_{t-1} + v_t \\
\hat{u}_t = \rho_1 \hat{u}_{t-1} + \rho_2 \hat{u}_{t-2} + v_t \\
\hat{u}_t = \hat{\rho} \hat{u}_{t-1}^2 + v_t \\
\hat{u}_t = \rho \sqrt{\hat{u}_{t-1}} + v_t \\
\cdots\cdots
\end{cases}
\tag{9.14}
$$

对上述各种拟合形式进行显著性检验,从而确定误差项 u_t 存在哪一种形式的自相关。主要流程和技术途径如图 9.5 所示。

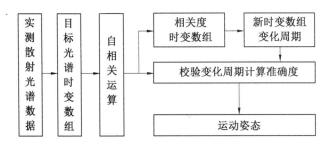

图 9.5　运动物体状态分析

(2) 基于散射光谱信息自相关分析的目标运动周期反演。

① 基于探测得到的散射光谱为 n 维向量 $(x_1, x_2, \cdots, x_n)^{\mathrm{T}}$,计算获取如下数据:

a. 计算傅里叶系数 $a_k(k=0, 1, \cdots, n/2)$ 和 $b_k(k=1, 2, \cdots, (n-1)/2)$,有

$$
a_k =
\begin{cases}
\dfrac{1}{n} \displaystyle\sum_{t=1}^{n} x_t \cos\left(\dfrac{2\pi kt}{n}\right), & k=0, \dfrac{n}{2} \\[4mm]
\dfrac{2}{n} \displaystyle\sum_{t=1}^{n} x_t \cos\left(\dfrac{2\pi kt}{n}\right), & k=1,2,\cdots,\dfrac{n-1}{2}
\end{cases}
\tag{9.15}
$$

$$
b_k = \frac{2}{n} \sum_{t=1}^{n} x_t \sin\left(\frac{2\pi kt}{n}\right), \quad k=1,2,\cdots,\frac{n-1}{2}
\tag{9.16}
$$

b. 计算周期图,有

$$
l(\omega_k) =
\begin{cases}
na_0^2, & k=0 \\[3mm]
\dfrac{n}{2}(a_k^2 + b_k^2), & k=1,2,\cdots,\dfrac{n-1}{2} \\[3mm]
na_{\frac{n}{2}}^2, & 当 n 为偶数,k=\dfrac{n}{2}
\end{cases}
\tag{9.17}
$$

式中　$\omega_k = \dfrac{2\pi k}{n}$。

　　c.计算周期图的最大值 $l_{(1)}$,有

$$l_{(1)}(\omega_{(1)}) = \max_{k=1}^{\frac{n}{2}} \{l(\omega_k)\} \tag{9.18}$$

　　d.计算周期图累加值 $\sum\limits_{k=1}^{\frac{n}{2}} l(\omega_k)$。

　　② 进行光谱时间序列周期检测,实现空间碎片滚动周期反演。

　　a.对每个波段的光谱 i,计算具有最大周期图的位置频率 $\omega_{(1)}^{(i)}$,周期图的最大

值 $l_{(1)}^{(i)}(\omega_{(1)}^{(i)})$ 和周期图累加值 $\sum\limits_{k=1}^{\frac{n}{2}} l^{(i)}(\omega_k^{(i)})$。

　　b.画三个图,横坐标表示波长,纵坐标分别表示 $\omega_{(1)}^{(i)}$、$l_{(1)}^{(i)}(\omega_{(1)}^{(i)})$、$\sum\limits_{k=1}^{\frac{n}{2}} l^{(i)}(\omega_k^{(i)})$。

　　c.分析横坐标为 i、纵坐标为 $\omega_{(1)}^{(i)}$ 的图形,去除波段上的异常值。

　　d.对于步骤 c 中去除的波段,在 $l_{(1)}^{(i)}(\omega_{(1)}^{(i)})$ 和 $\sum\limits_{k=1}^{\frac{n}{2}} l^{(i)}(\omega_k^{(i)})$ 中也将此类波段的

信息删掉。

　　e.对于步骤 d 计算的结果,对所有波段的结果相加去平均值,有

$$\begin{cases} \overline{\omega}_{(1)} = \mathrm{mean}(\omega_{(1)}^{(i)}) \\[2mm] \overline{l}_{(1)}(\overline{\omega}_{(1)}) = \mathrm{mean}[l_{(1)}^{(i)}(\omega_{(1)}^{(i)})] = \mathrm{mean}\Big[\sum\limits_{k=1}^{\frac{n}{2}} l^{(1)}(\omega_k^{(i)})\Big] \end{cases} \tag{9.19}$$

　　f.计算检验量,有

$$T = \dfrac{\overline{l}_{(1)}(\overline{\omega}_{(1)})}{\mathrm{mean}\Big[\sum\limits_{k=1}^{\frac{n}{2}} l^{(i)}(\omega_k^{(i)})\Big]} \tag{9.20}$$

　　g.计算 $T > g$ 的概率,有

$$P[T > g] = \sum\limits_{j=1}^{m} (-1)^{j-1} C_N^j (1-jg)^{N-1} \tag{9.21}$$

式中　$N = \dfrac{n}{2}$;

　　　　m—— 小于 $\dfrac{1}{g}$ 的最大整数。

给出显著性水平 α，可以查到临界水平 g_a。

h. 在原假设下，使得 $\bar{l}_{(1)}(\omega_{(1)})$ 显著的值，说明序列在具有最大周期图的位置频率可以安全地使用 $\bar{\omega}_{(1)}$ 估计，即序列在 $|\omega-\omega_{(1)}| > 2\pi$ 的概率下周期为 $\dfrac{2\pi}{\omega_{(1)}}$。

9.1.3　空间碎片滚动周期反演实验

根据时序光谱特征，单帧光谱数据在同一目标的探测时段内重复出现，表示该运动物体的运动姿态呈周期性，根据该特征可以解释典型运动物体的运动规律，在此可以用来确定周期性空间碎片的运动特征。

实验设备包括天文望远镜、CCD 图像传感器、光谱仪、分光镜、透镜、光纤、计算机等，在无风无云天气开展探测实验。光纤连接光谱仪与望远镜作为光谱探测系统，CCD 图像传感器连接天文望远镜驱动器作为目标探测系统，计算机接收存储光谱数据。实验原理如图 9.6 所示。

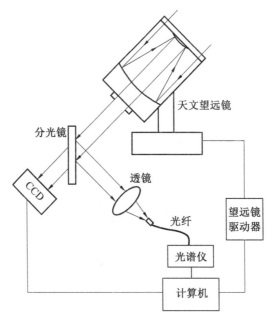

图 9.6　实验原理图

通过 Heavens Above 网站查询可探测空间碎片的轨道,根据轨道信息设置天文望远镜,实现自动跟踪空间碎片。观察 CCD 探测图像,调节 CCD 曝光时间,调整图像分辨率,微调望远镜直到被观测物位于视场中心。为了尽量降低光谱仪热噪声,光谱仪使用前要进行降温处理,将温度调节为−15℃,并选择连续探测。通过光谱仪对空间碎片的散射光谱探测,适当调整光谱仪积分时间,采集信噪比较高的空间碎片散射光谱。光谱采集时,视场应远离恒星及月球,尽量减少杂散光、背景光的干扰。

　　以 28381 号空间碎片(俄罗斯于 2004 年发射的火箭体残骸)为例,其散射光谱序列如图 9.7 所示,呈周期性运动,取随时序变化的单波长光谱强度值做周期性分析,如图 9.8 所示,得到该火箭体的运动周期约为 76 s。

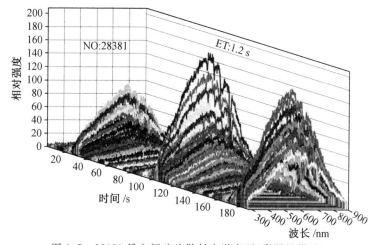

图 9.7　28381 号空间碎片散射光谱序列(彩图见附录)

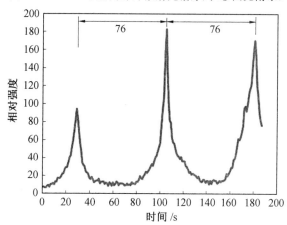

图 9.8　28381 号空间碎片目标时序光谱中周期特征提取

以 29092 号失效卫星为例,其单帧散射光谱图如图 9.9 所示,由于部分单帧光谱信噪比较低,因此选用峰值较高并且无吸收峰对应的波长为特征波长,约为 670.5 nm。

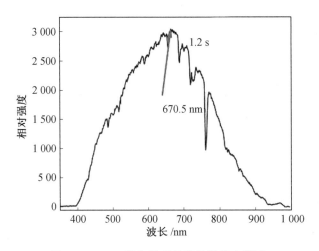

图 9.9　29092 号失效卫星单帧散射光谱图

29092 号失效卫星的散射光谱序列如图 9.10 所示,呈周期性运动,取随时序变化的单波长光谱强度值做周期性分析,如图 9.11 所示,得到该火箭体的运动周期约为 72 s,其中各个面之间的变化约为 13 s;同雷达截面积(Radar Cross Section,RCS)比较,RCS 表明周期为 34 s,这个结果实质上是在特定相位角情况下,一个视场面与另一个视场面的周期。因为每一个面散射强度不一样,所以强

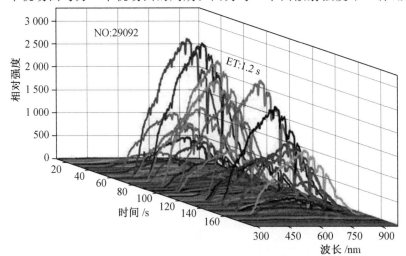

图 9.10　29092 号失效卫星散射光谱序列(彩图见附录)

度值不一样,所以有小周期,雷达截面测量得到的周期也是几个面运动后的组合,而不是一个大的滚动周期,光度结果信息量更大,分析更完善。

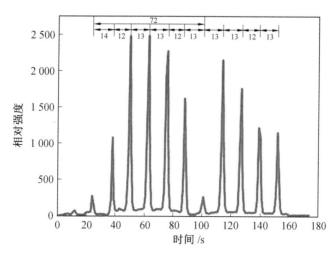

图 9.11　29092 号失效卫星目标时序光谱中周期特征提取

9.2　基于散射光谱的空间碎片材质识别方法研究

与反映强度和能量信息的散射光度相比,散射光谱蕴含的信息更为丰富。散射光谱是目标光学特性中波长对应的强度信息,携带了材质原子分子结构对光波的作用,可反演出目标材质信息,为空间碎片的识别提供有力支持。

本小节将介绍基于散射光谱的空间碎片表面材质反演方法,为通过探测真实在轨目标、有效反演目标表面材质提供支持。

9.2.1　基于光谱数据的材质及其面积比反演方法

(1)基于光谱数据的空间碎片材质反演的物理模型。

基于散射光谱 BRDF 加和性理论可知探测系统接收到的光谱为

$$\mathrm{Dec}(t,\lambda,\theta_1,\varphi_1,\theta_2,\varphi_2,\theta_3,\varphi_3)$$

$$=\mathrm{Sun}(t,\lambda)\cdot\left(\sum_{i=1}^{n}S_i\cdot M_i(\lambda,\theta_1,\varphi_1,\theta_2,\varphi_2)\right)\cdot\mathrm{Air}\,T(t,\lambda,\theta_1,\varphi_1)\cdot\mathrm{TS}(\lambda)$$

$$(9.22)$$

式中　θ_1、φ_1——测量水平方位角和俯仰方位角;

θ_2、φ_2—— 太阳光照明水平方位角和俯仰方位角；

θ_3、φ_3—— 地面观察方位角和俯仰角；

$\text{Sun}(t,\lambda)$—— 太阳辐射光谱；

S_i—— 第 i 种材质的表面积比；

$M_i(\lambda,\theta_1,\varphi_1,\theta_2,\varphi_2)$—— 第 i 种材质的 BRDF；

$\text{Air } T(t,\lambda,\theta_3,\varphi_3)$—— 大气光谱透过率曲线；

$\text{TS}(\lambda)$—— 光谱探测系统仪器传递函数。

空间碎片材质反演的物理建模包括两部分：一是当材质未知时，确定材质类型的物理模型；二是在材质类型确定后，反馈材质面积比的物理模型，如图 9.12 所示。

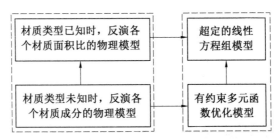

图 9.12　空间点目标材质反演的物理模型

若空间碎片姿态固定，探测系统接收到的光谱为

$$\text{Dec}(\lambda) = \text{Sun}(\lambda) \cdot \left(\sum_{i=1}^{n} S_i \cdot M_i(\lambda) \right) \cdot \text{Air } T(\lambda) \cdot \text{TS}(\lambda) \tag{9.23}$$

设

$$\text{SAT}(\lambda) = \text{Sun}(\lambda) \cdot \text{Air } T(\lambda) \cdot \text{TS}(\lambda), \quad \text{DSAT}(\lambda) = \text{Dec}(\lambda)/\text{SAT}(\lambda) \tag{9.24}$$

则 $\text{DSAT}(\lambda_1), \text{DSAT}(\lambda_2), \cdots, \text{DSAT}(\lambda_m)$ 分别为在该姿态下，波长为 $\lambda_1, \lambda_2, \cdots, \lambda_m$ 时目标的 BRDF 值。材质面积比反演方程为

$$\begin{bmatrix} M_1(\lambda_1) & M_2(\lambda_1) & \cdots & M_n(\lambda_1) \\ M_1(\lambda_2) & M_2(\lambda_2) & \cdots & M_n(\lambda_2) \\ \vdots & \vdots & \vdots & \vdots \\ M_1(\lambda_m) & M_2(\lambda_m) & \cdots & M_n(\lambda_m) \end{bmatrix} \begin{bmatrix} S_1 \\ S_2 \\ \vdots \\ S_n \end{bmatrix} = \begin{bmatrix} \text{DSAT}(\lambda_1) \\ \text{DSAT}(\lambda_2) \\ \vdots \\ \text{DSAT}(\lambda_m) \end{bmatrix} \tag{9.25}$$

在材质类型未知的情况下，需要从实验室材质库的 n 种材质中，挑选出目标所含有的材质类型。设 ε 为一接近零的正数，确定满足条件

$$S_1 \geqslant 0, S_2 \geqslant 0, \cdots, S_n \geqslant 0 \tag{9.26}$$

且

$$|S_1 + S_2 + \cdots + S_n - 1| < \varepsilon \tag{9.27}$$

$S_1, S_2, \cdots, S_n$ 使得多元函数

$$\left\| \begin{bmatrix} M_1(\lambda_1) & M_2(\lambda_1) & \cdots & M_n(\lambda_1) \\ M_1(\lambda_2) & M_2(\lambda_2) & \cdots & M_n(\lambda_2) \\ \vdots & \vdots & & \vdots \\ M_1(\lambda_m) & M_2(\lambda_m) & \cdots & M_n(\lambda_m) \end{bmatrix} \begin{bmatrix} S_1 \\ S_2 \\ \vdots \\ S_n \end{bmatrix} - \begin{bmatrix} \mathrm{DSAT}(\lambda_1) \\ \mathrm{DSAT}(\lambda_2) \\ \vdots \\ \mathrm{DSAT}(\lambda_m) \end{bmatrix} \right\|_2 \tag{9.28}$$

取得极小值。相应的极值点 $S_1, S_2, \cdots, S_n$ 中,分量取值为零的材质是目标不具有的材质;分量取值非零的材质为目标所含有的材质,分量值为材质的面积比。

（2）基于光谱数据的空间碎片材质反演的模型求解。

目标材质反演的模型求解分为材质类型初判、材质类型细判和材质面积比计算三个环节,流程图如图 9.13 所示。首先,利用材质数据库 BRDF,计算超定线性系统的最小二乘解,删除最小二乘解中分量负值最小的材质,反复进行,直到最小二乘解的分量全为正值;其次,利用约束最优化技术和人工智能算法,计算目标函数取得极值的最优解和次优解;最后,利用材质类型细判结果,计算材质的面积比。

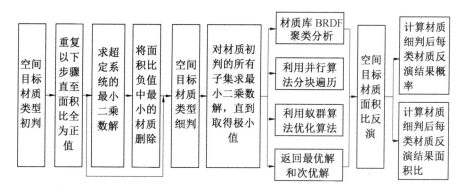

图 9.13　空间碎片材质反演模型求解的流程图

模型求解核心问题是计算超定线性系统的最小二乘数解。只考虑右端列向量的测量误差,假设测量误差服从期望为 0 的高斯分布,当波长为 λ 时测量 k 次,则右端列向量样本均值和方差分别为

$$\begin{pmatrix} \mathrm{DSAT}(\lambda_1) \\ \mathrm{DSAT}(\lambda_2) \\ \vdots \\ \mathrm{DSAT}(\lambda_m) \end{pmatrix} = \begin{pmatrix} \dfrac{1}{k}\sum_{j=1}^{k}\mathrm{DSAT}^{(j)}(\lambda_1) \\[2ex] \dfrac{1}{k}\sum_{j=1}^{k}\mathrm{DSAT}^{(j)}(\lambda_2) \\[2ex] \vdots \\[1ex] \dfrac{1}{k}\sum_{j=1}^{k}\mathrm{DSAT}^{(j)}(\lambda_m) \end{pmatrix}$$

$$\begin{pmatrix} \sigma_1^2 \\ \sigma_2^2 \\ \vdots \\ \sigma_m^2 \end{pmatrix} = \begin{pmatrix} \dfrac{1}{k-1}\sum_{j=1}^{k}\left[\mathrm{DSAT}^{(j)}(\lambda_1)-\mathrm{DSAT}(\lambda_1)\right]^2 \\[2ex] \dfrac{1}{k-1}\sum_{j=1}^{k}\left[\mathrm{DSAT}^{(j)}(\lambda_2)-\mathrm{DSAT}(\lambda_2)\right]^2 \\[2ex] \vdots \\[1ex] \dfrac{1}{k-1}\sum_{j=1}^{k}\left[\mathrm{DSAT}^{(j)}(\lambda_m)-\mathrm{DSAT}(\lambda_m)\right]^2 \end{pmatrix} \tag{9.29}$$

令

$$\boldsymbol{W} = \begin{pmatrix} 1/\sigma_1 & & & \\ & 1/\sigma_2 & & \\ & & \ddots & \\ & & & 1/\sigma_m \end{pmatrix}, \quad \boldsymbol{D}_W = \boldsymbol{W}\begin{pmatrix} \mathrm{DSAT}(\lambda_1) \\ \mathrm{DSAT}(\lambda_2) \\ \vdots \\ \mathrm{DSAT}(\lambda_m) \end{pmatrix} \tag{9.30}$$

$$\boldsymbol{M}_W = \boldsymbol{W}\begin{pmatrix} M_1(\lambda_1) & M_2(\lambda_1) & \cdots & M_n(\lambda_1) \\ M_1(\lambda_2) & M_2(\lambda_2) & \cdots & M_n(\lambda_2) \\ \vdots & \vdots & & \vdots \\ M_1(\lambda_m) & M_2(\lambda_m) & \cdots & M_n(\lambda_m) \end{pmatrix} \tag{9.31}$$

则超定线性系统

$$\boldsymbol{M}_W \boldsymbol{S} = \boldsymbol{D}_W \tag{9.32}$$

的最小二乘解

$$\min\{\boldsymbol{S}\in\mathbf{R}^n : \|\boldsymbol{M}_W\boldsymbol{S}-\boldsymbol{D}_W\|_2\} \tag{9.33}$$

为空间碎片材质的面积比反演值。

9.2.2　空间碎片表面材质反演实验

近年来,国内已有学者并展了空间碎片表面材质反演实验。在实验室内,开展了基于散射光谱的平面单一材质、平面复合材质的反演实验。进一步地,开展了在轨空间碎片散射光谱探测及表面材质反演实验。

1. 平面模型材质及面积比反演结果

(1)单一材质反演。

单一材质材料 4 种:红、黄、蓝、绿(图 9.14)。

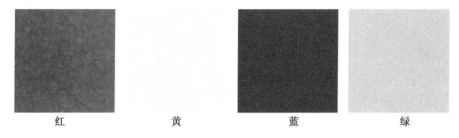

红　　　　　黄　　　　　蓝　　　　　绿

图 9.14　四种单一材质图(彩图见附录)

四种单一材质散射光谱及相对强度曲线图如图 9.15 所示。

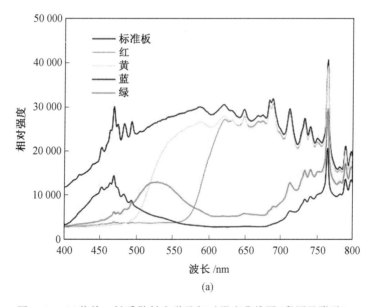

(a)

图 9.15　四种单一材质散射光谱及相对强度曲线图(彩图见附录)

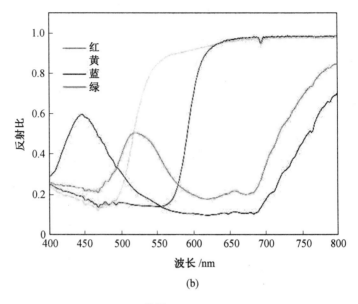

(b)

续图 9.15

四种单一材质面积比反演结果图如图 9.16 所示。从图中可以看出,实验室内四种单一材质面积比的反演曲线与实验曲线完全重合,面积比均为 100%,反演可信度也为 100%。

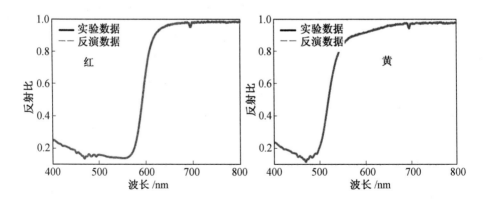

图 9.16 四种单一材质面积比反演结果图

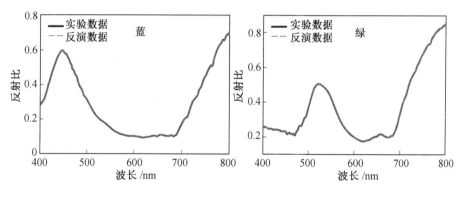

续图 9.16

（2）复合材质反演。

①混合材料 a：红、黄、蓝、绿比例为 1：1：1：1，即占总面积比例均为 25%
时，其示意图及反演结果曲线图如图 9.17 所示，反演结果见表 9.1。

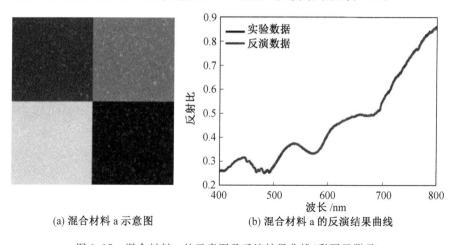

(a) 混合材料 a 示意图　　　　　(b) 混合材料 a 的反演结果曲线

图 9.17　混合材料 a 的示意图及反演结果曲线（彩图见附录）

表 9.1　混合材料 a 的材质面积比反演结果

名称	红	黄	蓝	绿
实际值	0.25	0.25	0.25	0.25
反演值	0.214 2	0.292 0	0.291 7	0.202 1
绝对误差	0.035 8	0.042 0	0.041 7	0.047 9
最大偏差	0.041 8			
均方偏差	0.040 5			

②混合材料 b:红、黄、蓝、绿比例为 3∶1∶2∶2,即占总面积比例分别为 37.5％、12.5％、25％和 25％ 时,其示意图及反演结果曲线如图 9.18 所示,反演结果见表 9.2。

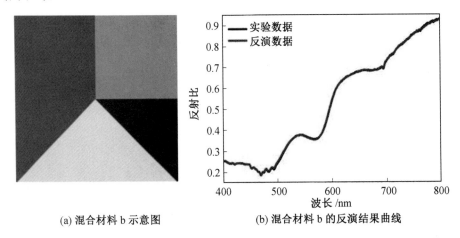

(a) 混合材料 b 示意图   (b) 混合材料 b 的反演结果曲线

图 9.18　混合材料 b 的示意图及反演结果曲线(彩图见附录)

表 9.2　混合材料 b 的材质面积比反演结果

名称	红	黄	蓝	绿
实际值	0.375	0.125	0.25	0.25
反演值	0.414 7	0.092 3	0.275 8	0.217 2
绝对误差	0.164 7	0.157 7	0.025 8	0.032 8
最大偏差	0.098 5			
均方偏差	0.055 3			

③混合材料 c:红、黄、蓝、绿比例为 3∶1∶2∶2,即占总面积比例分别为 37.5％、12.5％、25％和 25％ 时,反演结果见表 9.3,其示意图及反演结果曲线图 如图 9.19 所示。

表 9.3　混合材料 c 的材质面积比反演结果

名称	红	黄	蓝	绿
实际值	0.375	0.125	0.25	0.25
反演值	0.471 3	0.091 0	0.218 2	0.219 4
绝对误差	0.096 3	0.034 0	0.031 8	0.030 6
最大偏差	0.039 8			
均方偏差	0.028 2			

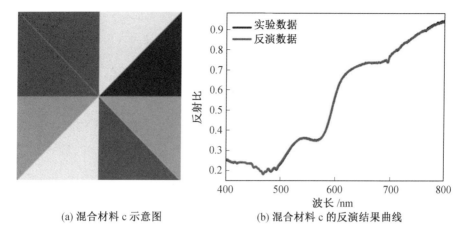

(a) 混合材料 c 示意图　　　　　(b) 混合材料 c 的反演结果曲线

图 9.19　混合材料 c 的示意图反演结果曲线（彩图见附录）

由以上结果可知,基于 BRDF 理论模型的散射光谱反演方法对于复杂结构的复杂材质反演精度较高,可以初步实现材质面积比的反演,同时也验证了 BRDF 理论模型的可靠性。

2. 在轨空间碎片表面材质及面积比反演结果

以某卫星目标为例,原始数据经过去除太阳光谱、大气光谱透过率以及分光镜影响,得到反映目标自身信息的光谱曲线,如图 9.20 所示。该卫星目标材质反演结果如图 9.21 所示。

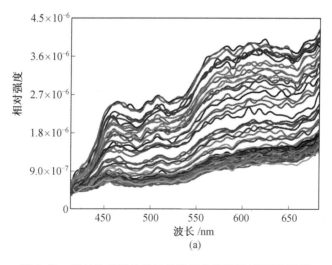

(a)

图 9.20　经过处理后的某卫星目标光谱数据（彩图见附录）

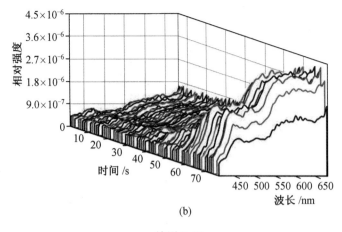

(b)

续图 9.20

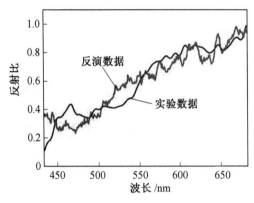

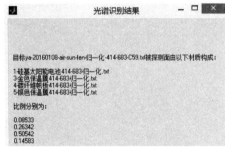

图 9.21 某卫星目标材质反演结果

材质识别结果显示,该特征面材质主要由碳纤维帆板(背板)、金色保温膜构成,与实际情况比较吻合。观测时该目标太阳能电池板的背板朝下,其面积远大于目标本体,因此引起的反射较强;另外,其表面主要为接近金色的聚酰亚胺膜。

再以 33446 号目标为例,经过去太阳光谱、去大气光谱透过率及修正分光镜处理之后,得到光谱数据,如图 9.22 所示(观测时间:2016.01.10,观测地点:姚安),其反演结果如图 9.23 所示。

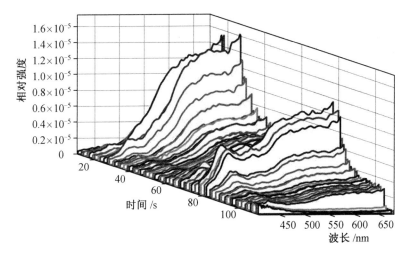

图 9.22　经处理后的 33446 号目标光谱数据(彩图见附录)

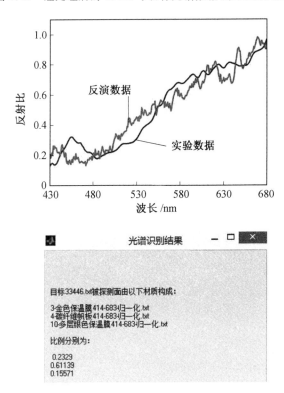

图 9.23　33446 号目标反演结果

　　材质识别结果显示,与目标类似,该特征面材质主要由碳纤维帆板(背板)、金色保温膜构成。这与实际情况也比较吻合,观测时该目标太阳能电池板的背板朝下,其面积远大于目标本体,因此引起的反射较强;另外,33446 号目标表面也主要为接近金色的聚酰亚胺膜。

参考文献

［1］ RICHMOND D. Satellite fingerprints［C］. Advanced Maui Optical and Space Surveillance Technologies Conference, Maui, Hawaii, 2015.

［2］ WILLISON A, BEDARD D. Light curve simulation using spacecraft CAD models and empirical material spectral BRDFS［C］. Advanced Maui Optical and Space Surveillance Technologies Conference, Maui, Hawaii, 2015.

［3］ 杜小平, 刘浩, 陈杭. 基于光度特性的卫星形状反演匹配算法研究［J］. 光学学报, 2016(8):251-258.

［4］ 陈思, 黄建余, 王东亚. 基于归一化光变函数的空间目标识别研究［J］. 飞行器测控学报, 2013(3):273-280.

［5］ LINARES R, JAH M K, CRASSIDIS J L. Astrometric and photometric data fusion for inactive space object mass and area estimation［J］. Acta Astronautica, 2014, 99(1):1-15.

［6］ HALL D, KERVIN P. Analysis of faint glints from stabilized geo satellites ［C］. Proceedings of the Advanced Maui Optical and Space Surveillance Technologies Conference, Maui, Hawaii, 2013.

［7］ HALL D, KERVIN P. Optical characterization of deep-space object rotation states［C］. Proceedings of the Advanced Maui Optical and Space Surveillance Technologies Conference, Maui, Hawaii, 2014.

［8］ 袁艳, 孙成明, 张修宝. 空间目标表面材料光谱双向反射分布函数测量与建模［J］. 物理学报, 2010, 59(3):1-6.

［9］孙成明,赵飞,袁艳. 基于光谱的天基空间点目标特征提取与识别［J］. 物理
学报,2015,64(3):1-7.

［10］KATAZA H, ALFAGEME C, CASSATELLA A, et al. AKARI/IRC all
sky survey point source catalogue version 1.0［EB/OL］. http://www. ir.
isas. jaxa. jp/AKARI/Observation,2010.

［11］DAVIDE A, ROBERTO F, AARON J, et al. Attitude propagation of
resident space objects with recurrent neural networks［C］. Advanced Maui
Optical Space Surveillance Technologies Conference, Maui, Hawaii, 2018.

［12］张剑. 军事装备系统的效能分析、优化和仿真［M］. 北京:国防工业出版
社,2000.

［13］PAPUSHEV P, KARAVAEV Y, MISHINA M. Investigations of the
evolution of optical characteristics and dynamics of proper rotation of un-
controlled geostationary artificial satellites［J］. Advances in Space
Research ,2009,43:1416-1422.

［14］徐培德,汪彦明. 卫星军事应用系统作战效能评估的网络层次分析法研究
［J］.海军工程大学学报,2006,18(5):37-42.

［15］SHELL J R. Optimizing orbital debris monitoring with optical telescopes
［C］. Advanced Maui Optical and Space Surveillance Technologies
Conference, Maui,Hawaii,2010.

［16］吴振森,窦玉红. 空间目标的可见光散射与红外散射［J］.应用光学,2004,
25(1):1-4.

［17］TOKUDA T,YAMADA H,SASAGAWA K,et al . Polarization-analyzing
image sensor for μTAS based on standard CMOS technology［J］. Journal
of the Institute of Electrical Engineers of Japan ,2009,129(8):331-333.

［18］SUN C M, YUAN Y, ZHANG X B. Application of BRDF for modeling
on the optical scattering characteristics of space target ［J］. Proceedings of
Spie the International Society for Optical Engineering,2009(7):7383.

［19］刘伟峰,赵国民,谢永杰,等.天空光辐射亮度测量系统定标及数据分析［J］.
红外与激光工程,2011,40(4):713-717.

名词索引

部分彩图

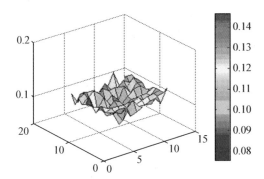

图 5.14　质心法星像中心精度(信噪比为 6)

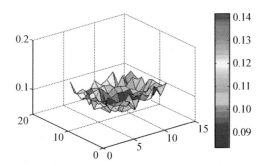

图 5.15　相关法星像中心精度(信噪比为 6)

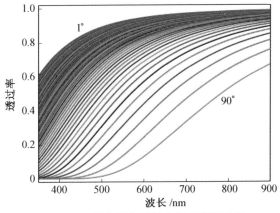

图 9.3　不同俯仰角下的大气光谱透过率

低轨小碎片天基光学探测与应用

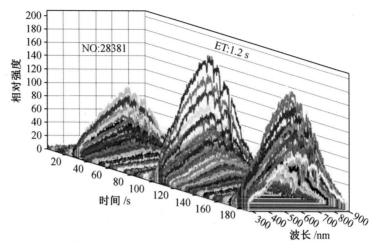

图 9.7　28381 号空间碎片散射光谱序列

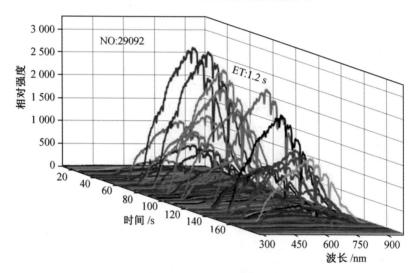

图 9.10　29092 号失效卫星散射光谱序列

红　　　　　黄　　　　　蓝　　　　　绿

图 9.14　四种单一材质图

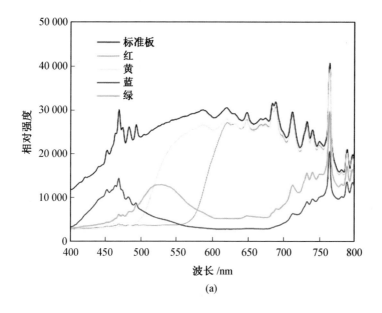

(a)

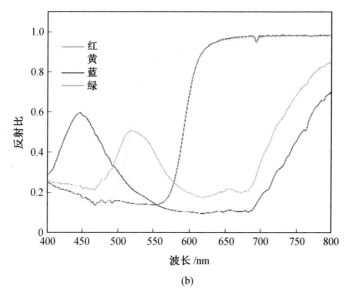

(b)

图 9.15　四种单一材质散射光谱及相对强度曲线图

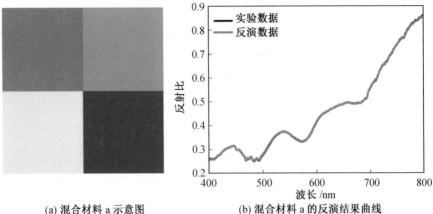

(a) 混合材料 a 示意图　　(b) 混合材料 a 的反演结果曲线

图 9.17　混合材料 a 的示意图及反演结果曲线

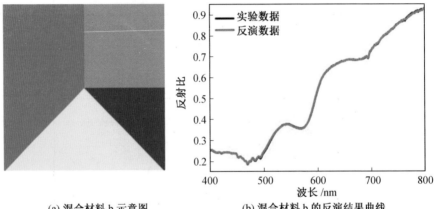

(a) 混合材料 b 示意图　　(b) 混合材料 b 的反演结果曲线

图 9.18　混合材料 b 的示意图及反演结果曲线

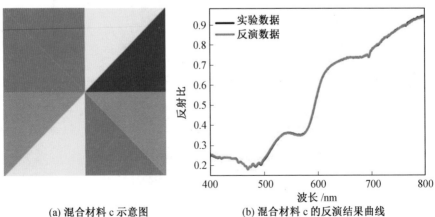

(a) 混合材料 c 示意图　　(b) 混合材料 c 的反演结果曲线

图 9.19　混合材料 c 的示意图反演结果曲线

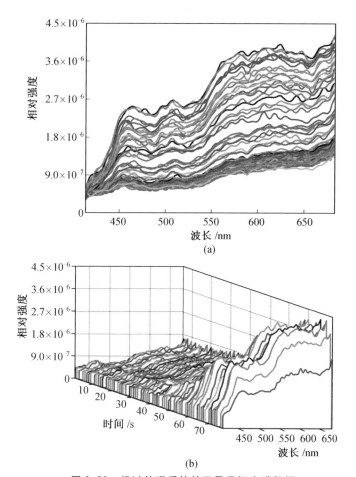

(a)

(b)

图 9.20　经过处理后的某卫星目标光谱数据

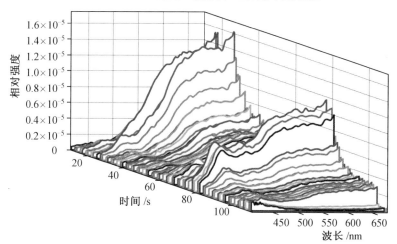

图 9.22　经处理后的 33446 号目标光谱数据